- 广西高校人文社会科学重点研究基地"北部湾海洋发展研究中心"研究成果
- 广西科技基地和人才专项项目"北部湾海洋资源产业化开发与利用创新人才培养示范基地建设"（桂科AD17195082）成果

21世纪海上丝绸之路研究论丛

# 北部湾
# 海洋资源产业化发展研究

Development of Ocean Resource
Industrialization in Beibu Gulf

朱芳阳　李　燕　王淑慧
王小琴　乔　钥　肖　敏　佟艳芬 ○ 著

U0206214

西南交通大学出版社
·成　都·

**图书在版编目（ＣＩＰ）数据**

北部湾海洋资源产业化发展研究／朱芳阳等著. —
成都：西南交通大学出版社，2019.11
（21 世纪海上丝绸之路研究论丛）
ISBN 978-7-5643-7245-3

Ⅰ. ①北⋯ Ⅱ. ①朱⋯ Ⅲ. ①北部湾 – 海洋资源 – 产
业化发展 – 研究 Ⅳ. ①P74

中国版本图书馆 CIP 数据核字（2019）第 272240 号

21 世纪海上丝绸之路研究论丛
21 Shiji Haishang Sichou zhi Lu Yanjiu Luncong

**北部湾海洋资源产业化
发展研究**
Beibuwang Haiyang Ziyuan
Chanyehua Fazhan Yanjiu

朱芳阳　李　燕　王淑慧
王小琴　乔　钥　肖　敏　佟艳芬　著

责任编辑　李晓辉
助理编辑　李芷柔
封面设计　何东琳设计工作室

| | |
|---|---|
| 印张　11.25　　字数　198千 | 出版发行　西南交通大学出版社 |
| 成品尺寸　170 mm×230 mm | 网址　http://www.xnjdcbs.com |
| 版次　2019年11月第1版 | 地址　四川省成都市二环路北一段111号<br>西南交通大学创新大厦21楼 |
| 印次　2019年11月第1次 | 邮政编码　610031 |
| 印刷　四川煤田地质制图印刷厂 | 发行部电话　028-87600564　028-87600533 |
| 书号　ISBN 978-7-5643-7245-3 | 定价　70.00元 |

# 序　言

　　21 世纪是海洋的世纪,世界各国各地区都越来越重视海洋经济发展,海洋经济正日益成为国民经济的重要增长点和沿海地区社会经济可持续发展的战略依托。海洋资源是自然资源的有机组成部分,具有重要的自然价值、经济价值和社会价值。我国拥有广泛的海洋战略利益,近年来,国家相继提出了"实施海洋开发""发展海洋产业""海洋强国"等一系列战略部署和要求。经过多年发展,中国海洋事业总体上已逐步进入历史上最好的发展时期。

　　北部湾位于 21 世纪海上丝绸之路的交汇点,是"一带一路"的重要地理门户。国家正努力将广西建成国际通道,其中南、西南开放发展的战略支点定位也在逐步深化和提升,加快促进人才、技术、资金、信息、物流等要素在北部湾的快速交汇,意义重大。北部湾海洋经济发展正迎来大有作为的重大战略机遇期。

　　党的十九大做出了"强化措施推进形成西部大开发新格局""坚持陆海统筹,加快建设海洋强国""形成陆海内外联动、东西双向互济全面开放新格局"等新的重要部署,加上随着中新互联互通南向通道、广西"三大定位"、千万标箱集装箱大港等战略的深入推进,北部湾的战略地位正在迅速提升,其面临的发展环境正在深刻变化。目前,其主要海洋产业如海水养殖业、海洋旅游业、石油及石化工业、盐业及海洋化工业、滨海矿产业、港口建设和海洋交通运输业等海洋产业已逐渐具有了相当规模,在海洋捕捞、海水养殖、海水产品加工、港口建设、海洋运输、海洋石油勘探开发、滨海旅游等海洋资源开发利用方面已进入一个新的发展时期。

北部湾地区海洋产业快速增长,海洋经济产业地位逐步凸显,海洋新兴产业发展初具规模,但与传统沿海经济强的地区相比,其海洋产业增量仍靠后,差距仍很大,没有形成产业集群效应和规模效应。同时,周边各省市不断开发海洋,不断加强与东盟全方位的合作交流,广西亟待努力。加快北部湾海洋资源产业化的发展,有利于提高海洋资源的开发与利用,有利于增强海洋创新驱动能力,有利于提高国际影响力,刻不容缓。

本书分为 7 个章节。主要内容有海洋资源产业化发展相关理论,北部湾海洋资源概述,北部湾海洋资源产业化发展现状,海洋资源产业化发展模式,国内外海洋资源产业化发展经典案例及启示,北部湾海洋资源产业化发展对策、路径及保障,北部湾海洋资源产业化发展人才培育探索等。本书的作者团队来自北部湾大学,成员有朱芳阳、李燕、王淑慧、王小琴、乔钥、肖敏、佟艳芬等。

本书是 2017 年广西科技基地和人才专项项目“北部湾海洋资源产业化开发与利用创新人才培养示范基地建设”(项目编号:桂科 AD17195082)、广西高等学校高水平创新团队及卓越学者计划“港口物流与湾区经济发展团队”、钦州市财政局 2016 年度重点委托调研项目“广西发展服务业的对策”(项目立项文件:钦市财教[2016]126 号)及广西高校人文社会科学重点研究基地“北部湾海洋发展研究中心”等项目的阶段性成果。由于笔者水平有限,本书中可能存在疏漏之处,希望得到读者的指正!

作　者

2019 年 5 月

# 目　录

# 第一章　海洋资源产业化发展相关理论

## 第一节　海洋资源承载力理论

"承载力"一词来源于工程地质领域，本意是指地基强度对其上建筑物的负重能力。由于土地退化、环境污染和人口膨胀等原因，生态学最早将此概念引入学科领域中。

### 一、资源承载力理论

1. 承载力概念的提出与兴起

1758 年，法国经济学家奎士纳（Francois Quesnay）发表了《经济核算表》一书，在书中讨论了土地生产力与经济财富的关系。1798 年，马尔萨斯率先提出资源环境对人类社会物质增长的限制。之后，比利时数学家 Verhust 用数学形式表达马尔萨斯的理论，将马尔萨斯的资源有限并影响人口增长的观点用逻辑斯谛方程的形式表示出来。在 Verhust 的逻辑斯谛方程中，因子 K 指环境的容纳能力，即一定资源空间下承载人口的最大值。用容纳能力指标反映环境约束对人口增长的限制作用可以说是现今研究承载力的起源。随后，逻辑斯谛方程一直被不断地修正并广泛应用于种群和群落生态学，容纳能力概念的发展集中在生态学和人口统计学领域。

1921 年，帕克（Park）和伯吉斯（Burgess）在人类生态学领域首次提出了承载力的概念（Carrying Capacity），即在某一特定环境条件下，某种个体存在数量的最高极限。19 世纪 80 年代后期至 20 世纪初期，生态学中承载力概念开始拓展并应用到土地资源承载力研究中。随着工业化国家的迅速发展，对资源的需求不断增加，承载力研究在人口学、资源学和环境科学等领域相继展开，并成为进行定量评价的重要指标。

2. 资源承载力

早在 20 世纪 80 年代初，联合国教科文组织（UNESCO）就将资源承载力定义为"在可以预见的时期内，利用本地资源及其自然资源和智力、技术等条件，在保证符合其社会文化准则的物质生活水平条件下，所能持续供养的人口数量"。我国学者牛文元（1994）进一步将资源承载力定义为"一个国家或一个地区资源的数量和质量，对该空间内人口的基本生存和发展的支撑力"。在实践中，资源包括土地资源、旅游资源、水资源和矿产资源等。

之后，土地资源承载力、水资源承载力、森林资源承载力、矿产资源承载力等单要素承载力概念被提出并逐渐兴起。近半个世纪以来，国内外对资源承载力，特别是对土地资源承载力进行了大量的研究。继土地资源承载力研究之后，水资源承载力研究开展较多，并多被纳入可持续发展理论中。

## 二、 海洋资源承载力研究

海洋资源亦是资源的一种。海洋资源承载力作为单要素承载力的一种，其定义可借鉴资源承载力的相关研究定义，即在一定时期内，海洋资源系统所能承载的人类各种社会经济活动或物质生活水平条件的能力。

对海洋资源承载力的研究，有定性研究和定量研究两方面。

定性研究主要是分析海洋资源承载力的构成，研究海洋资源承载力支撑了哪些人类社会经济活动的部分，或者提供了哪些人类物质生活水平的条件。定量分析主要是研究海洋资源承载力的大小，探讨影响海洋资源承载力的变量，确定适合测量海洋资源承载力的模型。

由于影响海洋资源承载力的变量众多而复杂，如果仅从单一指标上对海洋资源承载力进行评价是不合理也是片面的。国内学者大多采用多指标综合评价方法对海洋资源承载力进行定量研究，将反映海洋资源承载力大小的多项指标的信息加以汇集，得到一个综合指标，以此从整体上反映某地或某区域海洋资源承载力的水平。

多指标综合评价方法的运用，为定量评估特定区域内的海洋资源承载力提供了切实可行的方案。

1. 研究路径

评估特定区域海洋资源承载力的大小，就是要依据特定区域海洋资源承载力过去或当前的相关信息，对其进行客观、合理、公正的全面评价。从操作程序的角度而言，按照多指标综合评价的一般流程，首先要确定评价对象和评价目标，然后构建多指标综合评价指标体系，选择定性或定量的加权方法，之后选择构建综合评价模型，最后分析综合得出的结论，提出评价报告，具体流程如图 1.1 所示。

图 1.1　多指标综合评价流程图

评价小组的成员通常由技术专家、管理专家和评价专家组成。

不同的学者对海洋资源承载力评估的侧重点不同，由于海洋资源承载力指标体系构建方法和评价模型建立方法的多样性，以及两者组合的自由性，造成了目前国内海洋资源承载力研究的多元化，集中体现为国内学者对海洋资源承载力的研究集中在评价指标体系的构建和承载力测定两方面。

### 2. 评价指标体系构建的方法

（1）指标体系确定的原则。

海洋资源承载力综合评价指标体系是由多个相互联系、相互作用的评价指标，按照一定层次、一定结构组成的有机整体。在确定指标体系时，应遵循以下五个原则：

① 简约性原则。评价指标并不是越多越好。选择评价指标的关键在于其在评价过程中所起作用的大小，而不是指标数量的多少。指标的精炼能减少评价的时间和成本，易于评价活动的开展。简约并不意味着缺失。选择的指标体系要能涵盖评价某区域海洋资源承载力水平的基本内容，反映某区域海洋资源承载力水平的全部信息。

② 独立性原则。每个指标相对独立、内涵清晰；同一层次的指标间不相互重叠，相互间不存在因果关系；指标体系各层次间要简明扼要，层次分明，能很好地体现海洋资源承载力水平的多层次性。

③ 代表性原则。选择的指标应该具有代表性，能很好地反应海洋资源承载力水平某一方面的特性。

④ 可比性原则。选择的指标应该具有明显的差异性。评价指标要客观实际，便于比较海洋资源承载力水平的差异性。

⑤ 实用性原则。选择的指标含义应该明确具体，易于被理解和解释，能准确、全面的反应海洋资源承载力的发展水平。

（2）指标体系确定的方法。

指标体系的确定具有很大的主观随意性。虽然海洋资源承载力指标体系的确定有经验确定法和数学方法两种，但国内多采用经验确定法。

经验确定法是利用专家的经验和专业知识，通过推理性判断分析来确定评价指标的方法，常见的有专家调研法、德尔菲法、实践经验选择法、规范惯例借鉴法等。专家调研法即多专家多轮咨询法，通过多次咨询海洋资源承载力方面的专家们对所设计的海洋资源承载力指标体系的意见，反复进行统计处理，最终得到专家意见趋于集中的评价指标体系。

数学方法是对指标直接的相似性判断和关联性进行数量分析后，确定评价指标的方法，即对初步构建的海洋资源承载力评价指标体系进行优化，选取部分有代表性的评价指标来简化原有的指标体系。通过采用多元相关分析、多元回归分析、因子分析、主成分分析等方法，分析各指标间的相互关系，从而实现指标系统的优化，最终选取代表性的指标构成指标体系。

（3）指标权重的确定。

为了体现各个指标在评估海洋资源承载力时的作用地位和重要程度的不同，在指标体系确定后，必须对各个指标赋予不同的权重系数。权重是对指标重要程度的主观客观度量的反映。权重的差异来自三个方面：一是海洋资源承载力评价者的主观认识差异，即评价者对各个指标的重视程度不同；二是海洋资源承载力指标间的客观差异，即各指标在评价中所起作用的不同；三是海洋资源承载力各指标提供信息的可靠性不同，即各指标的可靠程度不同。权重的确定也叫加权，其方法有定性加权法和定量加权法两种。定性加权法也叫作经验加权法，由专家直接估值，简便易行。但这种方法对专家的经验判断准确度依赖较大，主要包括德尔菲法、层次分析法、特征值法等。定量加权法是在经验的基础上，运用数学原理间接生成权重，相对而言具有较强的科学性和一定的客观性，主要包括拉开档次法、熵值法、均方差法等。本书主要介绍层次分析法和熵值法。

① 层次分析法

层次分析法（Analytic Hierarchy Process，AHP）由美国运筹学家 T.L.Saaty 于 20 世纪 70 年代提出，是一种利用线性代数矩阵特征值的思想，将待解决的问题划分为目标层、基准层和决策方案层，在划分后的不同层级内结合使用定性分析和定量分析的决策方法。

其主要步骤是首先构建递进层次结构，主要有目标层（即决策的目的，如评价海洋资源承载力的水平）、基准层（如制约海洋资源承载力的因素、决策准则、约束条件等，即方案的属性）和方案层（决策时的备选方案）；然后在紧密相连的两层因素中进行两两比较，构造判断矩阵；之后对各因素的权重进行计算；最后检验两两比较矩阵的一致性。

② 熵值法

熵值法（Entropy Method），也叫熵权法、熵技术，是指通过对各项指标所能提供的信息量的大小比较来确定该指标对应的权重大小。

熵的概念来自热力学，表示一个系统无序的程度。香农（C. E. Shannon）在 1948 年提出信息熵的概念，用于表示信息的不确定程度。在信息论中，熵越大，表明拥有的信息量越小，对目标的了解越不全面，不确定程度越大；反之亦然。

运用熵值法对指标赋予权重时，同样要将研究对象分解为若干个层次，如目标层、准则层、次准则层……指标层等。假设目标层指标为 $I$，准则层指标为 $I_i$，次准则层指标为 $I_{ij}$，指标层指标为 $I_{ijk}$。$S_{ijk}$ 表示 $I_{ijk}$ 评价分值的平均值，$S_{ij}$ 和 $S_i$ 分别为 $I_{ij}$ 和 $I_i$ 的计算评价值。对指标层所有指标，假设有 5 个分数档，按 1~5 分来分别对应这 5 个分数档，某个分数档以 $C_l$ 表示，即 $C_l$ 取这 5 个分值中的任意一个值。对某一指标 $I_{ijk}$，某个分数档的评分人人数为 $x_{ijkl}$，则它在该指标评分人中所占的人数比例为 $P(x_{ijkl})$。若 $x_{ijkl}=0$，则该指标此分数档不参与计算，$n$ 为参与计算的分数档的数目。则有：

$$P(x_{ijkl}) = \frac{x_{ijkl}}{\sum\limits_{l=1}^{5} x_{ijkl}}$$

各指标层指标的熵值为：

$$H(x_{ijk}) = -k \sum_{l=1}^{n} P(x_{ijkl}) \ln P(x_{ijkl})$$

其中，$k = 1/\ln n$。则 $x_{ijk}$ 的熵权为：

$$w_{ijk} = \frac{1 - H(x_{ijk})}{\sum\limits_{k=1}^{M} (1 - H(x_{ijk}))}$$

其中，上式右边的分子可定义为偏差度，或称差异性系数；$0 \leqslant w_{ijk} \leqslant 1$，$\sum\limits_{k=1}^{M} w_{ijk} = 1$，$M$ 为次准则层指标 $I_{ij}$ 下指标个数。

次准则层的评分为：

$$S_{ij} = \sum_{k=1}^{M} w_{ijk} \cdot S_{ijk}$$

次准则层各个指标熵值和熵权为：

$$H(x_{ij}) = \sum_{k=1}^{M} w_{ijk} H(x_{ijk})$$

$$w_{ij} = \frac{1 - H(x_{ij})}{\sum\limits_{N}^{j=1} (1 - H(x_{ij}))}$$

$N$ 为准则层指标 $I_i$ 下的各个指标的数目。

类似的，可得准则层指标熵值 $H(x_i)$、熵权 $w_i$ 及评分 $S_i$ 为：

$$H(x_i) = \sum_{j=1}^{N} w_{ij} H(x_{ij})$$

$$w_i = \frac{1 - H(x_i)}{\sum_{i=1}^{2} (1 - H(x_i))}$$

$$S_i = \sum_{j=1}^{N} w_{ij} \cdot S_{ij}$$

各个指标层指标的综合熵权为：

$$W_{ijk} = w_{ijk} \cdot w_{ij} \cdot w_i$$

3. 承载力测定方法的选择

海洋资源承载力测定方法的选择，实际上是多指标综合评价方法的选择。常见的多指标综合评价方法有专家打分综合法、模糊综合评价法、灰色关联评价法、信息集结法等。除专家打分综合法外，其他多指标综合评价方法都要使用到模型。也就是说，需要通过建立综合指标与各个评价指标直接的函数关系来进行评价。

专家打分评价法出现较早且应用较广，其最大的优点在于当缺乏足够的统计数据和原始资料的情况下，可以做出定量估价。其主要步骤首先是根据海洋资源承载力的具体情况选定评价指标，对每个指标确定出评价等级；然后以此为基准，由专家对评价对象进行分析和评价，确定各个指标的分值；最后采用加法评分法、连乘评分法或加乘评分法求出海洋资源承载力的总分值，从而得到海洋资源承载力评价结果。

模糊综合评价法是以模糊数学原理为基础，应用模糊数学的隶属度理论，将多个边界不清、不易定量的因素定量化，并对其制约的事物或相关事物进行综合性评价的方法。模糊综合评价法能较好地解决模糊的、难以量化的问题，适合各种非确定性问题的解决。此方法最早由我国学者汪培庄提出。其主要步骤是首先判定海洋资源承载力的指标集和等级集；再分别确定各个指标的权重及其隶属度向量，获得模糊评判矩阵；最后把模糊评判矩阵与指标的权向量进行模糊运算；最后进行归一化处理并得到模糊评价综合结果，也就是海洋资源承载力的评价结果。

# 第二节　生态经济学理论

## 一、生态经济学

自人类社会进入工业社会后，世界经济迅猛发展，但同时全球生态环境遭到了不同程度的破坏。进入 20 世纪后，生态与经济不协调的问题愈发明显。人们开始追溯重大生态经济问题产生的原因、解析发展的趋势，探寻解决途径和预防措施，并在此基础上形成了生态经济学。

生态经济学自诞生时起，就是人类尝试对"资源—环境—经济"系统进行解读的开始。它是人类对经济增长与生态环境的相互关系的认知。生态经济学承认人类系统和自然系统有着内在联系，并将人类系统视为生态系统的子系统。一方面，人类系统和自然系统之间存在着相互依存的关系；另一方面，人类子系统的存在依赖于生态环境系统的支持。

它主要研究人类经济活动与生态环境间的关系及规律。具体研究经济平衡与生态平衡的关系、经济效益与生态效益的关系、经济需求与生态供给的矛盾等；从整体上研究由生态系统和经济系统相互结合而形成的复合系统的各因素间相互联系、相互制约、相互转化的运动规律；从系统的观点研究生态经济系统内的物质流、能量流、信息流、人口流和价值流的运行是否合理的角度，来分析人类经济社会与资源、生态环境之间的矛盾运动，从而揭示生态经济系统持续发展的内在规律性。

生态经济学理论以经济学和生态学理论为基础，既涉及社会学、人口学、生物学、地理学等自然和社会领域的独立学科理论，又涉及资源经济学、环境经济学和制度经济学等交叉学科理论。其方法论主要是信息论、协同论、控制论、系统动力学和价值分析法。

## 二、常用模型

### 1. 能值分析法

能值分析法是一种生态—经济系统研究理论和方法，是美国着名生态学家 H.T.Odum 在传统能量分析的基础上创立出的新的研究方法。

能值即某一流动或储存的能量中所包含另一种能量的数量，称为该能量的能值。在生态经济系统中，能值就是产品或者劳务形成过程中直接或间接投入应用的一种有效能总量。H.T.Odum 用太阳能焦耳来衡量某一流动或储存的能量中所包含另一种能量的数量，也就是该能量的太阳能值。

能值分析法首先将生态系统或生态经济系统内的各种形式的能量转化为统一的能值（太阳能焦耳），然后采用一致的能值标准，把同一生态系统或生态经济系统中不同种类、不可比较的能量转化成同一标准的太阳能值来衡量和比较分析，从而评价不同能量在系统中的作用和地位。能值就是生物圈的价值，是生物圈投入到某种物品或服务中的能量，投入的越多，价值就越大。

2．生态足迹法

生态足迹法是一种度量可持续发展程度的方法，用于判定某个国家或某个区域的生产消费活动是否超出当地的生态系统承载力范围。生态足迹法认为，任何已知人口的生态足迹都是可以测量的，是这些人口生存所需的真实的生物生产的面积（包括陆地面积和水域面积），也就是生产出供这些人口消费的所有资源和吸纳这些人口所产生的废弃物所需要的生物生产的陆地和水域面积之和。

当某国家或某地区的生态足迹超出当地的生态承载力时，出现"生态赤字"，其大小等于生态承载力减去生态足迹的差数；当某国家或某地区的生态足迹小于当地的生态承载力时，产生"生态盈余"，其大小等于生态承载力减去生态足迹的余数。生态赤字表明该地区的人类负荷超过了生态容量，生态盈余则表明该地区的生态容量足以支持人类负荷。

# 第三节　可持续发展理论

## 一、可持续发展理论

可持续发展理论，是人类对社会经济发展提出的一种全新的发展思想和发展模式，是对人类未来社会经济发展提出的要求和展望。

1987 年世界环境与发展委员会（WCED）发表了《我们共同的未来》，首次系统阐述了可持续发展的概念和内涵，点明可持续发展模式强调社会、经济、环境的协调发展，追求人与自然、人与人之间的和谐。之后，国内外不同的学者从不同的角度对可持续发展进行了定义和界定。当前被普遍接受的定义是布伦特兰夫人的"既满足当代人的需要，又不对后代人满足其自身需求的能力构成危害的发展"。

可持续发展的核心是经济发展，在经济发展的同时，以环境保护为条件，以人类生活质量的改善和提高为目的。可持续发展是公平的，即在本代人之间、代与代之间和区域间应当具有平等的追求发展和满足需求的机会；可持续发展是持续的，人类的社会经济发展不能超越当地的资源承载力；可持续发展是协调的，是"环境、资源、人口、发展"四位一体的辩证关系。

可持续发展是人类的共同选择。我国已将实施可持续发展战略作为国家发展的基本战略。

## 二、可持续发展指标体系

自"可持续发展"的概念和内涵被提出，可持续发展指标体系的建立和测度受到联合国、欧盟等国际组织和政府的高度重视，成为可持续发展量化研究的重要课题之一。1992 年的里约会议，在《21 世纪议程》中呼吁各国政府、国际组织、非政府组织开发和应用可持续发展指标体系。此后，各国政府、国际组织、非政府组织相继公布了各自的可持续发展指标体系，按其中指标的内在联系，可分为单指标体系、专题指标体系和系统化指标体系；按指标体系的制定者，可分为国际级可持续指标体系和国家级可持续发展指标体系。

1. 国际级可持续发展指标体系

（1）联合国可持续发展委员会的指标体系。

联合国可持续发展委员会（UNCSD）在 1995 年通过了制订可持续发展指标的工作计划，于 1996 年发表指标体系，同年 8 月出版了《可持续发展指标架构与方法》。经过 22 个国家的应用、检验和评价，最终调整为 15 个一级指标，38 个二级指标和 58 个三级指标构成的指标体系。这 58 个三级指标中包括 19 个社会指标、19 个环境指标、14 个经济指标和 6 个制度指标，构建了以经济、社会、环境、制度为维度的四维结构，形成了以"驱动力、状态、响应"（DSR）为架构的可持续发展指标体系。

（2）经济合作与发展组织的指标体系。

经济合作与发展组织（OECD）在构建指标体系时，首先提出"压力、状况、回应"（PSR）构架。该指标体系在 OECD 国家的环境报告、规划、确定政策目标和优先性、评价环境行为等方面得到了广泛的应用。

OECD 可持续发展指标体系包括核心环境指标体系、部门指标体系和环境核算类指标体系。核心环境指标体系以 PSR 模型为框架，将指标分为环境压力指标（包括直接和间接）、环境状态指标和社会响应指标三类，用于跟踪、监测环境变化的趋势。部门指标体系类似于 PSR 模型，包括部门环境变化趋势指标、部门与环境相互作用指标、经济与政策指标三类，用于部门与环境间相互作用的评估。环境核算类指标包括自然资源核算指标和环境费用支出指标，用于评估自然资源可持续管理、自然资源以及污染的支出等。

2. 国家级可持续发展指标体系

（1）美国的可持续发展指标体系。

美国的可持续发展指标系统由可持续发展总统委员会（PCSD）在 1998 年发布。该指标体系涉及经济、环境、社会三大部分，借鉴 PSR 模型构建出禀赋、过程、产出后果三个类型，共计 40 个指标。

（2）英国的可持续发展指标体系。

英国的可持续发展指标体系从提出到最终确定经历了两次修

改。早在 1994 年，英国在《英国可持续发展策略》中就提出应尽快建立可持续发展指标体系，1996 年可持续发展指标体系初步构建完成。1998 年英国修正颁布了 120 个指标，1999 年再次将指标体系细化为 132 个指标。英国的可持续发展指标体系借鉴 PSR 模型，构建出反映经济部门、环境部门、社会群落部门间互动的指标体系。

（3）我国的可持续发展指标体系。

我国的可持续发展指标体系（CSDIS）构建较晚，由中国国际经济交流中心与哥伦比亚大学地球研究院历时近三年联合完成，于 2017 年 12 月首次发布。该指标体系由 5 个一级指标和 22 个二级指标构成：一级指标包括经济发展、社会民生、资源环境、消耗排放和环境治理等五个方面。具体如图 1.2 所示。

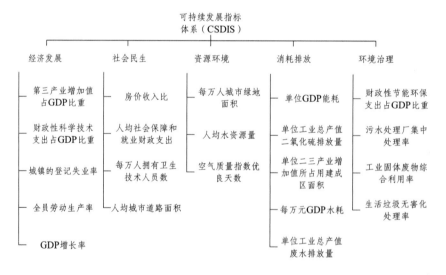

图 1.2　我国可持续发展指标体系（CSDIS）

其中经济发展一级指标包括第三产业增加值占 GDP（国民生产总值）比重、财政性科学技术支出占 GDP 比重、城镇登记失业率、全员劳动生产率和 GDP 增长率；社会民生包括房价收入比、人均社会保障和就业财政支出、每万人拥有卫生技术人员数、人均城市道路面积。资源环境包括每万人城市绿地面积、人均水资源量和空气质量指数优良天数；消耗排放包括单位 GDP 能耗，单位工业总产值二氧化硫排放量，单位二、三产业增加值所占用建成区面积，每万元 GDP 水耗和单位工业总产值废水排放量；环境治理包括财政性节能环保支出占 GDP 比重、污水处理厂集中处理率、工业固体废物综合利用率和生活垃圾无害化处理率。

我国的可持续发展指标体系是在借鉴国外可持续发展指标体系的基础上，结合中国国情构建的适用于中国的可持续发展的指标体系。该指标体系用于弥补 GDP 指标的缺陷和不足，以加快适应新时代高质量发展和建设美丽中国的要求。

## 三、海洋资源的可持续利用

可持续发展理论涉及自然、经济、社会各个方面。将可持续发展理论运用在资源性资产的利用方式上的思想，可称为可持续利用的资源观。资源性资产包括但不限于水资源、土地资源、草原资源、森林资源和矿产资源等。可持续利用资源观的核心内容是将对资源的开发利用限制在其承载能力内。

海洋资源属于资源性资产的一种，对海洋资源的可持续利用是一个综合性概念。狭义上而言，海洋资源的可持续利用就是人类利用海洋资源的强度不超过海洋资源自我更新修复的能力。广义上而言，海洋资源的可持续利用是指在不危害后代人对海洋资源的需要的前提下，满足当代人对海洋资源的需要的利用方式。

海洋资源的可持续利用要遵循公平性原则，即在本代人之间、代与代之间和区域间应当具有平等的追求发展和满足需求的机会。应在可预期的现实情况下开发利用海洋资源，充分考虑社会、经济、科技水平，既满足后代人的生产生活需要，又兼顾区域间的需求。

海洋资源的可持续利用要遵循持续性原则，即对海洋资源的开发利用量不能高于其再生的能力。一方面，要确保海洋资源的可再生，避免盲目开发利用；另一方面，要对已开发的海洋资源进行高效利用，实现对海洋资源的最大利用率。

海洋资源的可持续利用要遵循协调性原则。海洋资源的可持续利用是"资源、人口、发展"良性互动和协调运转的过程，此三者相互依存，不可分离。海洋资源是基础和前提，为人类社会和经济发展提供物质基础。人类社会和经济的发展为海洋资源的可持续利用提供生产投入和技术支持。

海洋资源作为一种可再生的自然资源，在利用它时需要认识到资源利用与社会进步、经济发展之间的辩证关系，在海洋资源产业化过程中协调资源、经济和社会的关系，最终实现海洋资源能够可持续地为人类所利用。

# 第四节　产业经济理论

产业经济理论是经济学中分析现实经济问题的重要分支。产业经济理论将产业视为有机整体，以产业为研究原点，主要探讨产业间的结构关系、产业自身发展规律、产业内企业组织的演变和产业空间区域的分布规律，以及探讨这些规律的应用经济理论体系。

产业经济理论的研究目的是为国家国民经济发展战略和产业政策的制定提供经济理论。主要有产业组织理论、产业结构理论、产业关联理论、产业布局理论、产业发展理论、产业政策理论和波特五力模型等。从产业经济理论体系可以看出，分析一个产业应该从它的组织、结构、关联度、区域布局、发展、政策以及相关利益主体等方面展开。具体理论内容如下所示：

① 产业组织理论。该理论主要研究产业内企业关系结构的状况、性质及其发展规律。产业组织理论的研究对象是产业组织，是研究市场在不完全竞争条件下的企业行为和市场构造，主要关注的是产业内企业的规模经济效应与企业间竞争力的矛盾。产业组织理论是微观经济学的一个重要分支，有结构主义学派和芝加哥学派两种流派。这两种流派在分析方法、分析角度和政府政策采用方面都有所不同。

② 产业结构理论。结构是指整体的各个组成部分的搭配和排列状态。产业结构是指一个国家或地区的产业组成，即资源在产业间的配置状态。产业结构理论最早可追溯到 17 世纪，配第（W. Petty）发现造成世界各国国民收入水平差异和经济发展不同阶段的关键因素是各国产业结构的不同。产业结构理论主要研究一个国家或地区的产业结构演变及其对经济发展的影响。主要以经济发展过程中产业间资源占有规律、产业结构层次演化为视角，其研究成果可以为产业结构规划和优化升级的政策完善提供理论参考。

③ 产业关联理论，又称产业联系理论，主要研究产业间投入产出的关联、产业的带动效应等，研究方法以里昂惕夫的投入产出法为基础，产业关联的研究能反映各产业的投入来源（对其他产业的依赖程度）和产出需求（其他产业对本产业的依赖程度），从而分析产业对其他产业的影响、对整个经济的贡献和作用等。

④ 产业布局理论。产业布局即产业在空间区域上的分布，是国家或地区制定和实施经济发展规划的前提，也是经济发展战略规划的重要内容，该理论主要研究内容有产业布局的影响因素研究、产业布局与整体经济发展关系、产业区域分布的原则和原理、产业布局的一般规律以及产业布局政策等。合理优化产业布局，可以促进产业在空间上的分工专业化，充分发挥区域产业发展优势，提升整体经济发展水平，而这一过程中梳理各区域优势、制定产业发展政策显得尤为重要。

⑤产业发展理论。主要关注产业发展过程中的普遍规律、发展周期、影响因素、产业转移、资源配置、发展政策等，可以为国家、产业微观主体根据不同产业发展阶段特点制定适宜的产业政策或选择相应的产业发展战略提供理论依据。

⑥产业政策理论。该理论认为通过对制定实施的产业政策进行效果评估和反馈，改进和完善政策体系，可以促进产业量增质升。这些政策可以是产业组织、结构层面的，也可以是产业区域布局、技术层面的。

⑦波特五力模型。20世纪70年代，美国著名经济学家迈克尔·波特（Michael Porter）提出了产业经济发展的波特五力模型。波特五力模型用于分析一个行业的基本竞争态势。作为一种战略分析工具，波特五力模型常被企业用于制定竞争战略。波特五力模型确定了竞争的五种来源，即供应商的议价能力、购买者的议价能力、潜在进入者的威胁、替代品的威胁和行业内竞争者的竞争力。任何产业，竞争规律都体现在这五种竞争的作用力上。

# 第二章　北部湾海洋资源概述

## 第一节　海洋资源内涵与分类

随着科学技术的不断进步，人们对海洋资源的内涵的理解也在不断发生变化。狭义上讲，海洋资源指的是能在海水中生存的生物，包括溶解于海水中的化学元素和淡水、海水中所蕴藏的能量以及海底的矿产资源。广义上讲，海洋资源不仅包括上述能量和物质，还包括港湾、海洋航线、水产资源加工、海洋上空的风、海底地热、海洋景观、海洋里的空间乃至海洋的纳污能力。因此，海洋资源指海洋所固有的或在海洋内外应力作用下形成并分布在海洋地理区域内的，可供人类开发利用的所有自然资源，范围涵盖海底矿产资源、海洋航运和港口资源、海洋能源、海水和海水化学资源以及海洋生物资源等。

海洋资源的种类多种多样，根据不同的研究需求，海洋资源可以分成为不同的种类。

根据海洋资源的再生性，可以分为可再生资源、非可再生资源和无限资源等3大类：① 可再生资源，包括各种海洋生物资源、海岸带滩涂资源等；② 非可再生资源，包括海洋金属矿藏、石油、天然气等能源资源；③ 无限资源，是相对于人类有限量开发消耗而言，并不会因为一定时期的开发而减少的资源，如海水、海水中的化学元素、海洋能、热能等。

根据海洋资源的开发利用特性，可以将其分成生物资源、矿产资源、化学资源和能源资源等 4 大类：① 海洋生物资源，又称海洋水产资源，指海洋中蕴藏的经济动物和植物的群体数量，是有生命、能自行增殖和不断更新的海洋资源；② 海洋矿产资源，又称海底矿产资源，是海滨、浅海、深海、大洋盆地和洋中脊底部的各类矿产资源的总称；③ 海洋化学资源，指海水中所含的大量化学物质，包括氯、钠、镁、硫、钙、钾、溴、碳、锶、硼、锂、铷、磷、碘、钡、铟、锌、铁、铅、铝等；④ 海洋能源资源，是一种可再生的巨大能源。海洋能主要包括潮汐能、潮流能、海流能、波浪能、温差和盐差能等。

按照海洋资源的性质、特点及存在形态，可分为海洋生物资源、海底矿产资源、海洋空间资源、海水资源、海洋新能源、海洋旅游资源等 6 大类：① 海洋生物资源，包括渔业资源、海洋药物资源和珍稀物种资源等；② 海底矿产资源，包括金属矿物资源（金属砂矿、基岩金属矿、大洋多金属结核等）、非金属矿产资源（非金属砂矿、海底煤炭磷灰石和海绿石、岩盐等）、石油和天然气资源；③ 海洋空间资源，包括海岸带区域、港口和交通资源、环境空间资源；④ 海水资源，包括盐业资源、溶存的化学资源、水资源等；⑤ 海洋新能源，包括潮汐能资源、波浪能资源、海流能资源、温差和盐能产资源、海上风能资源等；⑥ 海洋旅游资源，包括海洋自然景观旅游资源、娱乐与运动旅游资源、人类海洋历史遗迹旅游资源、海洋科学旅游资源、海洋自然保护区旅游资源等。

# 第二节　北部湾发展概况

广西北部湾经济区（以下简称"北部湾经济区"）主要由南

宁、北海、钦州、防城港、玉林、崇左 6 市组成，陆地面积 4.25 万平方千米，海岸线总长度 1 628.59 千米，具有得天独厚的自然资源和优良的港口条件发展海洋产业。其中南宁、玉林、崇左虽然位于广西内陆，并不临海，但是作为北钦防海洋产业辐射的经济腹地，配套发展海产品加工、临海化工、海洋科教服务等海洋相关产业，因此也作为研究对象纳入本书研究范围。北部湾位居我国大陆地理位置的最南端，东面衔接经济发达的珠三角地区，西北面背靠我国大西南、中南广阔的内陆腹地，南临辽阔的南海，地处我国与东盟各国经贸联系的重要运输廊道。北部湾地区处于泛珠三角经济圈、"中国—东盟"经济圈的重要交汇点和重叠核心地带，是承接珠三角发达地区产业转移重要的前沿阵地，具备发展向海经济、开放型海洋经济的雄厚潜力和优势区位，也是我国顺势崛起的具有较大发展潜力和支撑引领作用的海洋经济新增　长极。

近年来，北部湾经济区初步形成了以滨海旅游业、海洋渔业及配套服务业两大产业为核心的海洋生态经济体系以及海洋交通运输业、海洋油气业及滨海矿业、新兴海洋产业三大产业为支撑的临海工业体系。2017 年 1 月，国务院正式印发《北部湾城市群发展规划》，将发展北部湾城市群上升为国家战略。随着北部湾国家级城镇群进入全面推进建设阶段，北部湾背靠大西南，毗邻粤港澳，面向东南亚的特殊地理区位，使得海洋成为北部湾经济、政治、文化和生态文明建设的重要空间，大力发展向海经济，拓展蓝色空间已经成为北部湾实现可持续发展的必然要求。

2017 年，北部湾实现地区生产总值 7 995.88 万亿元，占全国地区生产总值的 0.97%；年末总人口达 2 050.12 万，城镇化率 49.45%，地区城镇规模不断扩大，社会经济发展步入加速轨道。（见表 2.1）

表 2.1　2017 年北部湾各市经济情况一览表

| 城市 | 地区生产总值/亿元 | 人均生产总值/元 | 户籍年末总人口/万 | 人均地区生产总值指数（上年=100） |
|------|------|------|------|------|
| 南宁 | 4 118.83 | 57 948 | 756.87 | 108 |
| 钦州 | 1 309.82 | 40 160 | 410.92 | 108.8 |
| 北海 | 1 129.84 | 74 378 | 175.42 | 110.2 |
| 防城港 | 741.62 | 79 351 | 97.79 | 106.7 |
| 玉林 | 1 699.54 | 29 387 | 724.19 | 107.6 |
| 崇左 | 907.62 | 43 678 | 249.94 | 109.3 |

# 第三节　北部湾海洋资源分类及特点分析

北部湾海域面积 12.93 万平方千米。（见表 2.2）平均水深 38 米，最深处达 100 米，拥有丰富的海洋自然资源和社会资源。其大陆海岸线长度 1 628.5 千米，是全国岸线总长的 8%，在 11 个沿海省份中排第 5 位。其中，钦州、北海、防城港的海岸线比例为 33∶31∶33。

表 2.2　北部湾沿海海洋资源一览表

| 陆地面积/平方千米 | 海域面积/平方千米 | 海岸线长度/千米 | 滩涂面积/平方千米 | 海岛数/个 | |
|------|------|------|------|------|------|
| | | | | 有居民海岛 | 无居民海岛 |
| 236 700 | 129 300 | 1 595 | 1 005 | 89 | 608 |

## 一、海洋生物资源

北部湾经济区拥有漫长的海岸线及丰富的海洋水产资源，因其海域海水盐浓度高，溴量充足，再加上典型的热带季风气候，日照时间长，而成为我国制盐及海水化工的重要场所。另外，它还是我国海洋生物种类资源的宝库。据统计，北部湾拥有鱼类近500种，虾类200多种，蟹类190多种，头足类生物50多种，还有种类众多的藻类、贝类和浮游生物。它不仅蕴含种类多样的生物资源，还具有富足的海洋捕捞资源。据估计，北部湾海域鱼类资源约为75万吨，其中可捕量达到了40万吨。可捕捞的鱼种包括石斑、鲈鱼、真鲷、马鲛、沙丁鱼、鳗鱼等。北部湾经济区浅海滩涂宽广，水质肥沃，还是众多水产物种的养殖场所，在10万公顷的滩涂面积中，可养殖面积达到了60%。根据滩涂生态环境的不同，养殖的水产物种也有区别：南流江口以东淡水较少，盐浓度高，适合文蛤与毛蚶等生物的养殖；南流江口以西淡水资源充足，盐浓度较低，适合牡蛎、星虫、沙蚕等生物的繁殖；高潮带主要养殖甲壳类生物；中潮带主要养殖虾类；低潮带则养殖珍贵鱼种、贝类、藻类及部分虾类、蟹类等。广西红树林的面积达到5 654公顷（56.54平方千米），约占全国的40%，拥有红树林总类8科12属12种，同时涠洲岛周围浅海分布有丰富的珊瑚礁，广西北部湾海洋生物呈现多样性。

## 二、海洋矿产资源

广西作为我国有色金属的重点产地之一，素有"有色金属之乡"的美誉，其锰、锡等矿物储量均居全国前列。北部湾经济区也拥有丰富的矿物资源，是有色金属的富集区。广西北部湾海洋矿产中探明有钛铁矿、金红石、锆英石、独居石、石英砂等28种矿产，其中石英砂矿远景储量达10亿吨以上，钛铁矿地质储量近2 500万吨。根据历年广西统计年鉴的统计数据显示，北部湾经济区矿产资源的分布情况如表2.3所示。

表 2.3　北部湾矿产资源一览表

| 城市 | 主要种类 |
|---|---|
| 防城港 | 锰、钛、锡、铝、磷、云母、水晶、萤石、辰砂、软玉、石英砂、金红石、独居石、花岗岩、煤、石油、天然气 |
| 钦州 | 石膏、煤、钛铁、锰、重晶石、金 |
| 北海 | 石油、石英矿、陶土、钛铁矿、天然气 |

　　油气盆地预测资源量达 22.59 亿吨，是我国沿海已发现的六大含油盆地之一，潮汐能理论蕴藏量高达 140 亿千瓦。北部湾海洋油气资源情况如表 2.4 所示。

表 2.4　北部湾海洋油气资源情况一览表

| 海域 | 圈团面积/km² | 石油储量/t | 天然气储量/m³ |
|---|---|---|---|
| 北部湾 | 2 087.75 | $12.59 \times 10^8$ | |
| 涠州与斜阳岛 | 11 | $1 \times 10^8$ | $350 \times 10^8$ |
| 合浦盆地 | 299 | | |

## 三、海洋能源

　　另外，北部湾经济区海洋能源也十分丰富，因其沿海地区风力资源丰富，地势平坦，且人群聚集较少，因此非常适合发展海洋风能。目前钦州市正筹划建设四个风力发电场，签署的项目包括：龙门风电项目（拟建 10 万千瓦风电发电机组，预计年发电 2.3 亿千瓦时）、大怀山风电场项目（规划装机容量 148.5 兆瓦，投资 16.2 亿元）、六芦山风电场项目（规划装机容量 148.5 兆瓦，投资 16.2 亿元）以及钦南一期 50 兆瓦风电场项目（预计投资 4.5 亿元）。北部湾经济区海岸线曲折，拥有众多的沿海港湾，因湾潮波系统的潮差比较大，因此该地区蕴含的潮汐能也十分丰富，据统计，北部湾区内蕴含的潮汐能约为 700 亿千瓦时，开发潜力巨大。另该湾区内海流能和波浪能的蕴藏量也十分可观，非常值得开发利用。

## 四、海洋港口资源

广西北部湾海岸线曲折，港湾水道众多，天然屏障良好，可供开发的海岸线长 228 千米，可建 100 多个 3 万吨以上的深水泊位；天然港湾众多，是我国沿海为数不多的深水岸线待开发区域，潜在可开发年吞吐能力在 2 亿吨以上。北部湾经济区海岸线曲折，港湾水深港阔，建港条件十分优越，具备与世界各大港口直接往来的条件。目前区内三大港口，防城港、北海港、钦州港发展势头良好，货物吞吐量逐年递增，港口建设发展稳步推进。围绕推动中新互联互通南向通道，经济区加大港口基础设施建设力度，钦州港东航道扩建一期工程等一批港口重大基础设施项目加快建设。北部湾港集装箱班轮航线达到 40 条，通过中国香港、新加坡中转可达全球主要港口。2017 年北部湾港实现港口吞吐量 2.19 亿吨，同 2016 年相比增长 7.2%左右；集装箱吞吐量保持高速增长，达到 228 万标准箱，增长近 30%。

## 五、滨海旅游资源

北部湾经济区环境优美，气候宜人，一年四季气温相对稳定，是度假休闲的胜地。其南部沿海，是中国走向东盟的重要门户，又毗邻珠三角，辐射大西南，是我国沿海地区重要的枢纽之一。区内城市之间都建有高速公路，客运通道十分发达，集散效率高，在北部湾经济区内旅游相当便捷。北部湾经济区还拥有众多的滨海旅游景点，是广西壮族自治区重要的旅游资源分布区。广西沿海的旅游资源主要有滨海风光、边境风情及人文古迹等类型。拥有诸如北海银滩、有大小"蓬莱"之称的涠洲斜阳二岛、红树林景观、东兴—芒街中越边境游等许多具有广西特色的旅游区和景点，且具有现代国际旅游所追求的"阳光、海水、沙滩、绿色、空气"五大要素及独具亚热带特色的海洋生物、岸、礁、岛等边海风光。

北部湾滨海旅游资源种类如表 2.5 所示。

表 2.5　北部湾滨海旅游资源种类一览表

| 主类 | 亚类 | 单体数 | 典型景观 |
|------|------|--------|----------|
| 地文景观 | AA 综合自然旅游地 | 4 | 八寨沟、五皇岭 |
| | AB 沉积与构造 | 13 | 巫头岛、万尾岛 |
| | AC 地质地貌过程形迹 | 19 | 北海银滩、东兴金滩 |
| | AD 自然变动遗迹 | 3 | 涠洲岛、斜阳岛 |
| | AE 岛礁 | 27 | 龙门岛、蝴蝶岛 |
| 水域风光 | BA 河段 | 8 | 南流江、钦江 |
| | BB 天然湖泊与池沼 | 14 | 山口红树林、茅尾海红树林 |
| | BC 瀑布 | 6 | 北仑河源头景区、野人谷景区 |
| | BD 泉 | 4 | 防城港峒中温泉、钦州鹰山温泉 |
| | BE 河口与海面 | 18 | 茅尾海、北海南 |
| | BF 冰雪地 | | |
| 生物景观 | CA 树木 | 5 | 冠头岭森林公园、白龙半岛森林公园 |
| | CB 草原与草地 | | |
| | CC 花卉地 | | |
| | CD 野生动物栖息地 | 6 | 合浦儒艮国家级自然保护区、三娘湾国际海豚公园 |
| 天象与气候景观 | DA 光现象 | 6 | 东兴万尾金滩日出、涠洲岛日出日落 |
| | DB 天气与气候现象 | 6 | 北海、钦州 |

| 主类 | 亚类 | 单体数 | 典型景观 |
|---|---|---|---|
| 遗址遗迹 | EA 史前人类活动场所 | 3 | 钦北区大寺镇缸瓦窑村的古窑遗址、长滩镇古勉村古人类活动遗址 |
| | EB 社会经济文化活动遗址遗迹 | 11 | 防城港白龙古炮台、北海草鞋村汉窑遗址 |
| 建筑与设施 | FA 综合人文旅游地 | 13 | 坆兴陶博物馆、东兴口岸 |
| | FB 单体活动场馆 | 8 | 南万三婆庙、乌雷伏波庙 |
| | FC 景观建筑与附属型建筑 | 32 | 文昌塔、大清国一号界碑 |
| | FD 居住地与社区 | 41 | 北海曲樟客家围屋、北海珠海路老街 |
| | FE 归葬地 | 4 | 合浦汉墓群、冯子才墓 |
| | FF 交通建筑 | 28 | 防城港、铁山港 |
| | FG 水工建筑 | 6 | 潭蓬运河、湖海运河 |
| 旅游商品 | GA 地方旅游商品 | 9 | 北海贝雕、珍珠 |
| 人文活动 | HA 人事记录 | 7 | 刘永福、冯敏昌 |
| | HB 艺术 | 3 | 碧海丝路、北海粤剧团 |
| | HC 民间习俗 | 9 | 疍家民俗、京族哈节 |
| | HD 现代节庆 | 5 | 钦州国际海豚文化节、北海珍珠文化节 |
| 合计 | | 318 | |

# 第四节　海洋资源与全球经济发展

21 世纪是海洋的世纪，世界沿海国家及各地区都越来越重视海洋经济发展，海洋经济也已成为国民经济的重要增长点和沿海地区社会经济可持续发展的战略依托，海洋资源是自然资源的有机组成部分，具有重要的自然价值、经济价值和社会价值。中国海域纵跨暖温带、亚热带和热带 3 个温度带，具有海岸滩涂生态系统和河口、湿地、海岛、红树林、珊瑚礁、上升流及大洋等各种生态系统。中国海洋生物物种、生态类型和群落结构的特性为丰富的多样性。但海洋资源的地域组合存在很大差异，海洋的开发利用状况不同，海区自然灾害和人类开发所造成的污染程度也有很大差异。因此，要综合分析不同海洋的海洋资源及其开发潜力，充分发挥我国海洋资源的优势，在开发中制定严谨的法律法规，加强对海洋资源的保护，以实现海洋资源经济的可持续发展。我国海域面积辽阔，海洋资源丰富，但人均占有量远低于世界平均水平，因而合理开发、高效利用海洋资源尤为重要。不同海域海区海洋资源承载力不同，在开发利用时应该对海洋资源做出客观合理的评价，进而制定出不同的开发利用方案，防止盲目开发。

地球表面积约为 5.1 亿平方千米，其中海洋面积近 3.6 亿平方千米，约占地球表面积的 71%。海洋是全球生命支持系统的一个基本组成部分，是全球气候的重要调节器，是自然资源的宝库，也是人类社会生存和可持续发展的战略资源接替基地。随着人口增多、经济发展和科学技术进步，人类能够开发利用的海洋资源种类和数量不断增多，海洋资源开发潜力巨大。当前，可开发的海洋资源主要包括海洋生物资源、海洋矿产资源、海水资源、海洋可再生能源、海洋空间资源等。在现有科技水平和开发能力下，依据国际海洋法赋予的开发权利，海洋开发总体上呈现出开发资源总量不断增大、开发海域由浅海向深海发展的趋势。我国的海洋开发与世界发达海洋国相比，仍有较大差距，并且存在着掠夺式开发使用、浪费严重、海洋资源再生产和保护落后、资源环境条件恶化的情况。为提高我国海洋经济水平，增强国民经济综合实力，应重视发展资源产业，将其作为实现可持续发展的新思路。海洋资源是海洋产业发展的物质基础，海洋资源的开发程度及其利用效益直接关系到海洋产业的现实竞争力和未来发展潜力。我国海洋资源丰富，包括海洋生物资源、海洋矿产资源、海洋化学资源、滨海旅游资源、沿海空间资源和海洋新能源资源等多种类型，与陆域资源有着较好的互补性，为海洋产业发展奠定了良好的资源基础。进入 21 世纪，我国沿海地区充分利用海洋资源优势发展海洋产业，海洋经济在我国经济发展中占据越来越重要的地位，贡献日益显着。

　　我国既是陆地大国，又是海洋大国，拥有广泛的海洋战略利益。近年来，政府提出了"实施海洋开发""发展海洋产业""海洋强国"等战略部署和要求。经过多年发展，中国海洋事业总体上进入了历史上最好的发展时期，海洋生产总值逐年增大，由 2006 年的 2.2 万亿元增加到 2017 年的 7.8 万亿元。5 年来，全国海洋生产总值保持 7.5%的年均增速，约占国内生产总值的 10%，提供就业岗位 3 600 多万个，海洋产业结构和布局不断优化，海洋第三产业增加值占比超过 54%，海洋新兴产业年均增速超过 12%。国家海洋局局长王宏表示，力争到 2020 年，海洋生产总值达到 10 万亿元，带动涉海就业人数达到 3 800 万；到 2035 年，力争实现我国海洋经济总量占国内生产总值的比重达到 15%左右，在海洋装备、海洋生物、海水利用、海洋新能源、海洋交通运输等产业领域，形成若干个世界级海洋产业集群，推动一批涉海企业全球布局，牢牢占据全球海洋产业价值链的高端。海洋产业结构调整迅速，海洋医药、海洋矿业、海洋电力等新兴海洋产业发展迅速，但同时也存在着产业结构不尽合理、多数新兴海洋产业处于起步阶段、部分区域海洋资源开发过度与投入不足、地区发展不平衡、海洋生态环境恶化制约产业发展等问题。

# 第三章　北部湾海洋资源产业化发展现状

## 第一节　北部湾海洋资源产业现状

党的十九大确立了习近平新时代中国特色社会主义思想，并做出了"强化措施推进形成西部大开发新格局""坚持陆海统筹，加快建设海洋强国""形成陆海内外联动、东西双向互济的开放格局"等新部署，加上随着中新互联互通南向通道、广西"三大定位"、千万标箱集装箱大港等战略深入推进，极大地提升了北部湾的战略地位。北部湾面临的发展环境正在发生深刻变化，主要开发产业如海水养殖、海洋旅游业、石油及石化工业、盐业及海洋化工业、滨海矿产业、港口建设和海洋交通运输业等海洋产业已有相当规模。养殖基地已初步形成优势，对虾、大蛇、文蛤养殖和虾蟹混养很有特色，养殖面积、产量、产值居中越海洋渔业前列，海洋水产工业产值约占海洋水产总产值的 10%。

"十三五"规划以来，北部湾成功打通新的物流大通道，中新互联互通南向通道建成，"渝桂新"常态化班列、"蓉欧+东盟"国际海铁联运班列、贵阳至钦州港货运专列、柳州汽车"南车北运"海上通道、中泰"水果快线"开通运营，新开通钦州港至泰国、中东、印度等 5 条集装箱航线，"北部湾港—香港"天天班、钦州港至印度/中东远洋直航航线开通，钦州港至新加坡天天班公共航线启动，集装箱远洋航线实现零突破。北部湾港已与世界上 100

多个国家和地区的 200 多个港口通航，与印度尼西亚、马来西亚等 7 个国家建立了海上运输往来，海运网络覆盖全球，成为我国与东盟地区海上互联互通、开放合作的前沿。截至 2017 年 6 月，广西北部湾港已开通内外贸航线 39 条，其中外贸航线 27 条（见表 3.1），覆盖东盟的新加坡港、林查班港、海防港、关丹港、岘港、胡志明港、巴生港、雅加达港、归仁港等。

表 3.1　北部湾港主要外贸集装箱航线一览表

| | 公司 | 航线 | 班期 | 舱位 /TEU |
|---|---|---|---|---|
| 1 | 地中海航运（MSC） | 钦州—香港—福州/汕头—香港—海防—钦州 | 周一 | 2 045 |
| 2 | 新海丰（SITC） | 钦州—海防—蛇口—厦门—仁川—平泽—大山—青岛—上海—厦门—香港—岘港—胡志明—林查班—雅加达—林查班—胡志明—钦州 | 截一开二 | 1 032 |
| 3 | | 防城—香港/蛇口—厦门—仁川—海防—防城 | 周三 | 1 032 |
| 4 | 德翔航运（TSL） | 钦州—蛇口—香港—东京—横滨—名古屋—大阪—神户—基隆—台中—高雄—香港—蛇口—海防—钦州 | 周三 | 1 049 |
| 5 | 万海航运（WHL） | 钦州—香港—南沙—巴生港—海防—钦州 | 周四 | 1 234 |
| 6 | 太平船务（PIL） | 钦州—岘港—归仁—新加坡—关丹—海防—钦州 | 周四 | 1 880 |
| 7 | 东方海外（OOCL） | 钦州—香港—大铲湾—海防—钦州 | 周五 | 1 500 |

| | 公司 | 航线 | 班期 | 舱位/TEU |
|---|---|---|---|---|
| 8 | 宏海箱运（RCL） | 钦州—香港—胡志明—新加坡—仰光—海防—钦州 | 周六 | 1 000 |
| 9 | 长荣海运（EMC） | 钦州—湛江—香港—蛇口—海防—钦州 | 周六 | 1 164 |
| 10 | 中远海 | 钦州—洋浦—湛江—高栏—香港—盐田—蛇口—胡志明—新加坡—归仁—海防—钦州 | 周日 | 1 400 |
| 11 | 长海船务 | 防城港—其河（三协港） | 每月两班 | 224 |
| 12 | X-PRESS | WIN航线：皮帕瓦沃—科伦坡—巴生—新加坡—盖梅港—钦州—香港—宁波—上海—蛇口—新加坡—巴生—纳瓦西瓦—皮帕瓦沃 | 周三 | 6 000 |
| 13 | | 海防穿巴：钦州—海防 | 1周2班 | 700 |
| 14 | 现代商船/天敬海运 | 仁川—釜山—香港—海防—钦州—香港—厦门—仁川 | 周日 | 1 000 |
| 15 | 香港永丰船务公司 | 钦州—香港 | 2班/周 | 200-250 |
| 16 | | 防城港—香港 | 1班/周 | 200-250 |
| 17 | 香港永丰船务公司 | 北海—香港 | 2班/周 | 200-250 |
| 18 | | 钦州—香港 | 2班/周 | 210 |
| 19 | | 防城港—香港 | 1班/周 | 150 |
| 20 | | 北海—香港 | 2班/周 | 210 |

| | 公司 | 航线 | 班期 | 舱位/TEU |
|---|---|---|---|---|
| 21 | 广州市恒富物流 | 钦州港—香港—深圳 | 1 班/周 | 180 |
| 22 | | 防城港—钦州港—香港—深圳 | 1 班/周 | 180 |
| 23 | 北海昊辰国际物流 | 北海—香港 | 周四/周六 | 90 |
| 24 | 广西利通物流 | 北海—香港 | 周二/周五 | 90 |
| 25 | 五洲航运 | 北海—香港 | 不定班 | 200 |
| 26 | 北海凯宏船务 | 北海—香港 | 不定班 | 45 |
| 27 | 厦门大达海运 | 北海—香港 | 不定班 | 158 |

在海洋交通运输业方面，北部湾各港口海洋运输营运收入逐步增长，海洋集装箱运输总量在货运吞吐总量中的占比不断上升。近年来，随着北部湾经济区临港重化工业的迅猛发展，港口吞吐量增速明显提高，临港工业、港口物流等功能不断拓展。2016 年，广西北部湾港完成货物吞吐量 20 392 万吨，2008—2016 年年均增长 12.3%，其中外贸货物吞吐量 12 094 万吨。近年来占货物总吞吐的比例基本维持在 60%左右的水平（见表 3.2）。分港区看，防城港域吞吐量规模最大，钦州港域增速最快，集装箱运输主要由钦州港域承担。2016 年防城港域、钦州港域、北海港分别完成吞吐量 10 688 万吨、6 954 万吨、2 750 万吨，同比分别增长 0.4%、6.8%、11.4%，分别占北部湾港总吞吐量的 52.4%、34.1%、13.5%。集装箱运输加速向钦州港域集中，钦州港域承担北部湾港集装箱量的比重已由 2010 年的 44.5%提升至 2015 年的 66.5%、2016 年的 76.5%。

表 3.2　北部湾港港口吞吐量情况表　　　　　单位：万吨

|  | 防城港 | 钦州港 | 北海港 | 北部湾港 |
|---|---|---|---|---|
| 2010 年 | 7 650 | 3 022 | 1 251 | 11 923 |
| 2016 年 | 10 688 | 6 954 | 2 750 | 20 392 |

滨海旅游基础设施建设和旅游业发展较快，先后完成了一批国家旅游度假区、海滩公园等大型工程，修复了许多旅游景点，增加了旅行社、宾馆、饭店等设施，接待国内外游客数量逐年上升。（见表 3.3）

表 3.3　近 6 年北部湾滨海旅游情况一览表

| 年份 | 旅游人数/人次 | 入境旅游者人均旅游消费/元 | 铁路里程/km | 公路里程/km | 旅游总消费/亿元 | 国内外游客人数/万人 | 旅客运输总量/万人 |
|---|---|---|---|---|---|---|---|
| 2017 | 390 825 | 7 960 | 5 140 | 5 259 | 792.27 | 7 689.552 5 | 51 056 |
| 2016 | 366 045 | 7 637 | 5 141 | 4 603 | 590.91 | 5 879.844 5 | 50 765 |
| 2015 | 343 613 | 6 666 | 5 086 | 4 288 | 425.81 | 4 600.891 3 | 50 986 |
| 2014 | 325 053 | 6 522 | 4 711 | 3 722 | 332.53 | 3 839.885 3 | 49 926 |
| 2013 | 308 647 | 6 177 | 3 982 | 3 305 | 266.37 | 3 291.384 7 | 56 846 |
| 2012 | 267 887 | 5 987 | 3 164 | 2 883 | 216.82 | 2 837.258 7 | 91 656 |

2017 年广西海洋生产总值首次突破 1 394 亿元，同比增长 11.4%，高于全国平均增速 4.5 个百分点，高于全区增速 4.1 个百分点，约占广西生产总值的 6.8%。传统海洋产业转型升级加快，海洋化工、海洋船舶工业、海洋生物医药等新兴产业开始起步，广西向海经济跑出"加速度"，成为广西经济可持续发展的蓝色引擎。

# 第二节　北部湾海洋资源产业化发展必要性分析

　　党的十九大报告提出了加快建设海洋强国的战略目标，我国海洋经济发展面临新的时代机遇。海洋经济是海洋强国建设的重要内容，2017 年我国海洋经济发展势头良好，全国海洋生产总值达到 77 611 亿元，占国内生产总值的 9.4%，是 2007 年的 2.1 倍，已成为国民经济的重要增长点。其中，主要海洋产业是海洋经济的重要组成部分，2017 年主要海洋产业增加值 31 735 亿元，占海洋生产总值的 40.9%。

　　关于海洋产业概念的界定，由于不同学者理解和分析的切入点不同，因此对定义的阐述普遍存在差异。张耀光（1991，1995）将海洋产业理解为是一种能够深度开发与利用滨海资源的海洋事业。徐志斌（2000）在认同海洋产业开发的对象是海洋资源及其空间的基础上，提出另一种独到的见解，即所有能够统筹海洋资源与海洋空间的实体部门就是海洋产业。黄旭生（2018）认为海洋产业是利用海洋和海岸区位优势和资源所发展的各种产业，由于各个不同类型的海洋产业发展不协调，通常选用主要的海洋产业（共 12 个）分析海洋经济。综上所述，目前比较公认的定义是：海洋产业是指开发、利用和保护海洋所进行的生产、服务活动。海洋资源产业化是以市场为导向，以海洋资源为基础，对海洋经济的支柱产业和主导产品实行区域化布局、专业化生产，将产供销、贸工农、农科教紧密结合，即改变传统海洋经济，使其与市场接轨，在分散经营的基础上逐步实现海洋资源的专业化、商品化和社会化。

　　北部湾位于"一带一路"的交汇点，是建设"一带一路"的重要门户，是国家对广西建成国际通道、中南西南开放发展的战略支点定位的深化和提升，能促进人才、技术、资金、信息、物流等生产要素在北部湾快速交汇，给北部湾海洋经济发展带来大有作为的重大战略机遇期。

## 一、加快北部湾海洋资源产业化发展，有利于提高海洋资源的开发与利用

北部湾海洋资源禀赋优良。北部湾海域面积约 12.93 万平方千米，平均水深 38 米，最深处达 100 米，大陆海岸线长度达 1 628.5 千米，是全国大陆海岸线总长的 8%，海洋空间资源开发潜力巨大；海岸线迂回曲折，有铁山港湾、防城港湾等多处重要海湾，港口航运资源优良，有"天然优良港群"之称。北部湾是我国沿海六大含油盆地之一，油气、石英、陶土、海洋可再生等资源蕴藏量丰富。北部湾不仅是中国著名的渔场，也是中国海洋生物物种资源的"宝库"，海洋生物种类繁多，不仅有常见的鱼类、虾类、贝类、蟹类、浮游动植物等，还有儒艮、文昌鱼、海马、海蛇等珍稀或重要药用生物；是我国海洋生物多样性最丰富的海区之一，拥有红树林、珊瑚礁和海草床等典型海洋自然生态系统；是全球生物多样性保护的主要对象，具有极大的经济、科研和生态价值。北部湾沿海分布着众多的红树林、珊瑚礁、火山岛等海洋自然景观，并融入了丰富的历史人文文化和少数民族风情等海洋文化元素。海洋旅游资源在全国排名第六，银滩、涠洲岛、三娘湾、龙门诸岛等景点已成为全国知名景点。北部湾沿海地区与越南海陆相连，是打造北部湾国际旅游度假区的主要基地。北部湾海洋资源禀赋优良，在"一带一路"倡议的辐射带动下，加快北部湾海洋资源产业化发展，将会促进北部湾海洋资源更加高效地被开发利用和保护。

## 二、加快北部湾海洋资源产业化发展，有利于增强海洋创新驱动能力

近年来，北部湾加快科技兴海战略逐渐推进，并取得了一系列成果。拥有钦州学院海洋学院、桂林电子科技大学北海校区海洋信息工程学院、广西北海国家农业科技园区和中国科学院南海海洋研究所、清华大学（北海）临海基地等多家海洋科研机构以及（深圳）华大基因、信肽生物科技等海洋高新技术企业。海洋科研机构及高素质海洋人才队伍的壮大推动了北部湾由"蓝色农业"进一步迈向"蓝色经济"。

互联网的诞生和发展，加快了科技信息和服务的更新，也扩大了其使用和影响范围。"一带一路"倡议实施后，中国—东盟技术转移创新中心合作平台、中国—东盟联合实验室、中国—东盟海水养殖联合研究与示范推广中心等的启动与建设将会促进北部湾与东部沿海和国外先进海洋技术的合作交流，先进科技的引进、融合及创新，关键技术的研发攻关，都将会为北部湾海洋经济与其他地区领域技术合作开辟绿色通道，加快北部湾海洋资源产业化发展，有利于增强海洋创新驱动能力。

## 三、加快北部湾海洋资源产业化发展，有利于提高国际影响力

构建健全的交通基础网络是加快经济发展的重要基础条件。广西壮族自治区成立 60 年以来，以铁路为代表的基础设施日益完善，境内铁路营运里程由 1958 年的 1 358 千米增加到 2018 年 10月的 5 191 千米，其中高铁营运里程 1 771 千米，位居全国前列。广西已有衡柳、邕北、钦防、南广铁路和柳南、贵广、云桂 7 条高铁运营线路。广西 14 个地级市中有 12 个城市开通了动车，直

连 18 个省、直辖市、特别行政区；北部湾港航运能力逐步提高，沿海港口货物吞吐量达 2.05 亿吨以上，集装箱吞吐能力达到 141 万标箱，分别占自治区的 65.08%和 68.95%；新开通、加密了至国内的宁波、上海、天津、香港、高雄和国外的马来西亚关丹、越南胡志明市及下龙湾、韩国仁川及平泽、印度尼西亚、泰国等 35 条航线，加快了互联互通体系构建，西南出海大通道已初步建成。"一带一路"倡议的推进，有利于广西以北部湾区域性国际航运中心为依托，建设面向东盟及共建 21 世纪海上丝绸之路国家的海上东盟通道；联系中国—中南半岛经济走廊，建设从南宁经越南—老挝—柬埔寨—泰国—马来西亚一直到新加坡的陆路东盟通道；以南宁、柳州为依托，推进贵南高铁、高速公路建设，对接渝新欧国际班列至柳州，建设衔接"一带一路"的南北陆路国际新通道。这三大通道的联通，将会促进海上东盟与陆上东盟相连，西北与西南相连，中亚与东南亚相连，实现 21 世纪海上丝绸之路与丝绸之路经济带的有机衔接。中国—东盟港口城市合作网络成功召开第二次工作会议，中方秘书处加快组建，加入合作网络的国内外成员增加到 24 个。成功承办 2017 中国—东盟女企业家创业创新论坛、2017 年世界沙滩排球巡回赛钦州公开赛、首届环广西公路自行车世界巡回赛等国际性活动，加快北部湾海洋资源产业化发展，有利于提高北部湾地区的国际影响力。

## 第三节　北部湾海洋资源产业化发展成绩

近 10 多年来，北部湾沿海城市经济飞速发展，其海洋资源开发利用取得了长足的进展，在海洋捕捞、海水养殖、海水产品加工、港口建设、海洋运输、海洋石油勘探开发、滨海旅游等海洋资源开发利用方面已进入一个新的发展时期。

# 一、海洋产业保持快速增长

北部湾经济区设立 10 年以来，临海产业发生了翻天覆地的变化：一是布局建设了钦州 1 000 万吨炼油、北海石化异地改造、钦州金桂林浆纸、北海斯道拉恩索林浆纸、防城港精品钢铁基地、防城港红沙核电、北海诚德新材料、富士康电子等一批重大产业项目，石化、电子信息、冶金、林浆纸、粮油加工等现代临海产业体系逐步形成。二是培育了以石化产业为主导的钦州石化产业园、以电子信息产业为主导的北海工业园、以食品加工产业为主导的广西-东盟经济技术开发区、以生物医疗产业为引领的南宁经济技术开发区等特色园区。2015 年，凭祥综合保税区、南宁高新区成为千亿元园区，有 5 个园区产值超 500 亿元，490 家企业产值超亿元。三是产业结构不断优化，北部湾三大产业结构由 2006 年的 20.5：36.1：43.4 调整为 2017 年的 13.76：44.44：41.80，第一产业下降了 6.74 个百分点，第二产业上升了 8.34 个百分点。2017 年，北部湾经济区六市地区生产总值为 1 007.27 亿元，固定资产投资 9 829.08 亿元，进出口总额为 3 319.40 亿元，其中出口总额为 1 540.46 亿元。北部湾经济区经济保持快速发展，千亿元产业发展取得新突破。总投资 228 亿元的华谊化工新材料一体化基地项目落户并开工建设，中船大型海工修造及保障基地一期、卓能新能源锂离子动力电池制造等重大项目竣工投产，力顺 5 万辆轻型载货汽车项目建成并获工信部轻型车生产资质，填补了煤化工、修造船、汽车、新能源等多个产业的空白。国际海铁联运枢纽作用更突出。中新互联互通南向通道关键节点——钦州港东站货场扩建一期工程建成，"渝桂新"海铁联运班列开通并实现常态化运行，"蓉欧+东盟"国际海铁联运班列、柳州汽车"南车北运"海上通道、中泰水果快线开通，贵阳至钦州港货运专列进入常态化运营，多条新的国际物流通道在钦州交汇，钦州成为南向通行的主通道。

## 二、海洋传统产业地位突显

在北部湾经济区沿海三市中，海洋传统产业地位仍突显。如图 3.1 所示，海洋渔业保持平稳增长，海水养殖业发展态势良好，2017 年全年实现增加值 230 亿元，比 2016 年增长 4.1%，其中，海洋水产品 197 亿元，比 2016 年增长 3.1%；海洋渔业服务业 16 亿元，比 2016 年增长 6.7%；海洋水产品加工 17 亿元，比 2016 年增长 13.3%。北海市海洋渔业为主导产业，捕捞和养殖产量连续多年居全区前列，2014 年海洋捕捞量和海水养殖量分别为 47.5 万吨和 53.5 万吨，海洋渔业实现增加值 120 亿元，占主要海洋产业增加值的 71%。钦州市海水养殖业迅猛发展，至 2015 年底已建成对虾育苗场 43 家，对虾育苗能力达 80 亿尾。大蚝、对虾等海水原良种体系建设成效显著，名贵鱼类网箱，弹涂鱼、青蟹、对虾育苗和大蚝采苗、养殖等基地化、集约化、标准化养殖格局逐步形成。防城港市海洋交通运输业迅速发展，已开通至海防、新加坡、釜山、东京等多条国际集装箱航线，与 80 多个国家和地区的 220 多个港口通航，其西南第一大港的地位进一步得以增强。

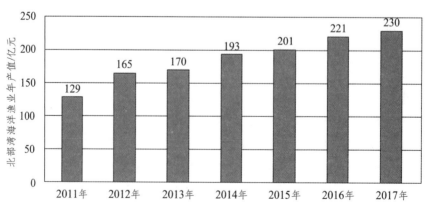

图 3.1  2011—2017 北部湾海洋渔业增加值情况一览图

## 三、海洋新兴产业发展初具规模

北部湾经济区海洋新兴产业虽然规模小、起步晚，但在海洋药物和生物制品业、海洋水产苗种业、红树林研究与开发利用、海水利用业等领域获得突破。2017年海洋生物业发展较快，全年实现增值2亿元，与2016年持平；随着北海电厂、林浆纸业、防城港市企沙千万吨级钢铁厂、红沙核电站项目和钦州中石油千万吨炼油项目等耗水型工业对海水冷却需求增大，广西北部湾经济区海水综合利用规模不断扩大。

## 四、滨海旅游业发展迅速

2017年广西海洋生产总值为1 394亿元，较2016年同比增长11.4%；海洋旅游业总收入为792亿元，占广西海洋生产总值的比重为56.8%。北部湾沿海有涠洲岛国家地质公园、北海银滩国家级旅游度假区、山口国家级红树林保护区、北仑河口国家级自然保护区、海牛保护区、合浦汉墓群、白龙炮台、刘（永福）冯（子材）故居、国内罕见的涠洲岛珊瑚群、京族的少数民族民俗风情等大量的特色旅游资源。这些旅游资源无论是从观光、体验、科考、还是弘扬地域文化来说，都具有突出的美学价值、科学价值和历史文化价值，且由于自然资源和人文资源皆备，通过适当组合就能形成高质量的旅游景观，具有较高的开发价值。

自中国—东盟博览会永久落户南宁和北部湾经济区以来，北部湾经济区初步建起了以面向东盟开放为重点、国内区域合作为基础、产业发展为支柱、经贸合作为内容的开放型发展区域，经济发展已经步入快车道，旅游基础设施日益完善，已经具备较强的地区接待能力。同时，广西还享有国家西部大开发政策、少数民族地区政策、扶贫开发政策、沿海开放政策等一系列开放发展优惠政策，为广西海洋旅游的进一步开发提供了良好的基础条件。

北部湾经济区滨海旅游业发展迅速，规模不断扩大，配套设施日益完善，成为北部湾经济区海洋经济的支柱产业。其中，钦州市重点规划开发了三娘湾国际滨海休闲度假旅游片区和茅尾海国际海上运动休闲度假旅游片区，茅尾海更成为全国第一批 7 个国家级海洋公园之一。海洋旅游业是北海市的特色产业和支柱产业，海洋特色旅游资源丰富多样，防城港市构建成"上山、下海、出国"独具特色的立体旅游格局，截至 2016 年全市建成和在建的景区景点达 60 多个，其中 4A 级景区 5 个，3A 级景区 4 个。北部湾经济区"十个一"旅游及文化品牌项目加快推进，旅游基础设施日臻完善，中国—东盟门户旅游城市形象基本确立。

同时，生态滨海城市建设彰显成效。滨海新城"三场两街一带一湾"项目全面推进，兰亭街、大学生商业街开业运营，北部湾国际人才创业基地一期竣工，茅尾海黄金海岸海滨浴场基础设施继续完善,成功举办 2017 年全国青年 U21 沙滩排球锦标赛、2017 年世界沙滩排球巡回赛（钦州公开赛）。连接各城市组团的主干路网加快建设，金海湾东大街东延长线、北部湾大道至中马园城市道路等开工建设，北部湾大道二期建成通车。全国智慧城市试点加快推进，华为云计算及大数据中心过渡机房建成并投入运营，承载钦州市 60 多个单位共 100 个业务系统的运行，新引进富士康科技集团、广州穗阳集团等知名企业参与智慧城市建设。出台了县域经济发展"1+4"系列政策文件，灵山、浦北产城融合试点加快建设，灵山县陆屋镇荣获第二批"全国特色小镇"称号。

## 第四节　北部湾海洋资源产业化发展现状

本书总结归纳了北部湾四大类 12 小类海洋资源产业布局特征，如表 3.4 所示。

表 3.4　北部湾海洋资源产业化分布现状一览表

| 城市 | 海洋产业分布 |
|---|---|
| 南宁 | 海产品加工、海洋生物医药、海洋造船、海洋工程装备制造 |
| 北海 | 海洋渔业、海洋交通、滨海旅游、海洋工程装备制造、海水利用、海洋造船、海洋盐业、海洋矿业 |
| 防城港 | 海洋渔业、海洋交通、海洋工程装备制造、海洋可持续能源、海洋造船、海洋矿业 |
| 钦州 | 海洋渔业、海洋交通、海洋旅游、海洋造船、海洋矿业 |
| 玉林 | 海产品加工、海洋工程装备制造、海洋造船 |
| 崇左 | 海产品加工 |

由表 3.4 可知，包括南宁、北海、防城港、钦州、玉林、崇左在内的北部湾海域的城市，海洋产业主要以海洋渔业、海洋交通运输、临海工业等对空间资源依赖较强的初级业态为主，其中海洋渔业、滨海旅游业在北部湾海洋经济发展中占据主导地位，初步构建以滨海旅游业为龙头的海洋服务产业体系。

# 一、传统海洋产业

## 1. 海洋渔业

北部湾海水养殖、渔船更新、水产加工、渔港建设总体发展态势良好，海洋渔业综合竞争力不断增强。北海廉州湾、铁山港、防城港、白龙珍珠港等深水网箱养殖基地逐步完善，现有深水网箱 4 700 余口，基本形成深水网箱养殖，网箱及配套设施、饲料、加工和销售一体化发展的海水养殖产业集群。通过组织实施中央捕捞渔船更新改造项目，北部湾渔船汰木方面取得重大进展，2016年，共发展木改钢渔船 1 680 艘，建造 200 吨以上大型钢质渔船309 艘、远洋渔船 59 艘、钢质或玻璃钢国内生产渔船 1 382 艘，初步组建起外海和远洋捕捞船队。保通、正五、恒兴、顺欣、思远、欧盛等一批实力强、规模大、带动广的水产加工龙头企业发展迅速，且海水产品产业链正逐步完善，已初步构建完整的"种苗—养殖—加工—流通—出口"水产深加工产业链，有效解决 150 万人就业难题。北部湾初步形成以北海营盘等国家中心渔港为核心，北海沙田、钦州犀牛角等省级渔港为骨干，湛江遂溪、茂名森高、树仔海丰等避风港为支撑的现代渔港体系。

2. 海洋交通运输业

2017 年，北部湾沿海港口生产总体保持平稳增长，全年实现增加值 222 亿元，比 2016 年增长 6.7%，全年沿海港口货物吞吐量达 2.19 亿吨，比 2016 年增长 4.8%，沿海港口国际标准集装箱吞吐量 228 万标准箱，比 2016 年增长 27.3%。

北部湾港包括钦州港、防城港和北海港三港，位于广西壮族自治区南端，南临北部湾北岸，东起与广东交界的洗米河口，西至中越界河北仑河口，海岸线全长 1 629 千米，具有水域宽阔、纳潮量大、地形隐蔽、水深浪小、港池航道淤积少等良好的天然水域条件和广阔的陆域，开发潜力巨大，是我国西南沿海地区的深水良港，是我国西南地区最便捷的出海通道，也是我国与东盟国家海上贸易的重要口岸，地理位置十分优越。

截至 2016 年 12 月，北部湾港共计建成生产性泊位 263 个，其中，万吨级以上泊位 94 个，年通过能力 25 383 万吨，年通过人次 479 万，2016 年吞吐量达到 20 392 万吨。

钦州港现有泊位主要集中在金谷港区和大榄坪港区。已建成投产生产性泊位 79 个，其中万吨级以上泊位 32 个，码头岸线总长 13 464 米，年设计通过能力为货物 10 080 万吨（其中集装箱通过能力为 233 万标准箱、汽车 42.2 万标辆）、客运 45 万人次。

防城港现有渔沥港区、企沙港区两个港区，以及竹山港点、京岛港点、潭吉港点、白龙港点和茅岭港点等港点。目前，已建成生产性泊位 119 个，其中万吨级以上泊位 35 个，码头岸线长 15 200 米，年综合通过能力达到 8 429 万吨（其中集装箱通过能力为 185 万标准箱）、客运 10 万人次。

北海港目前有石步岭港区、铁山港西港区、铁山港东港区、涠洲岛港区等港区及海角港点、侨港港点等港点。目前，已建成生产性泊位 58 个，万吨级以上泊位 12 个，码头岸线总长 6 679 米，年通过能力为货物 3 948 万吨（其中集装箱通过能力为 5 万标准箱、汽车 35 万标辆）、客运 436 万人次。广西北部湾港泊位现状及吞吐量如表 3.5 所示。

表 3.5　广西北部湾港港口泊位现状及吞吐量一览表

| 港口 | 防城港 | 钦州港 | 北海港 | 北部湾港合计 |
|---|---|---|---|---|
| 泊位数/个 | 120 | 81 | 62 | 263 |
| 万吨级以上泊位/个 | 36 | 43 | 15 | 94 |
| 最大泊位等级 | 20 | 10 | 15 | 20 |
| 年通过能力/万吨 | 9 105 | 11 114 | 5 164 | 25 383 |
| 年通过人数/万人次 | 10 | 33 | 436 | 479 |
| 2016 年吞吐量/万吨 | 10 688 | 6 954 | 2 750 | 20 392 |

随着北部湾港口群区域性航运中心地位的确立，基础配套设施不断完善，海洋交通运输业飞速发展并逐渐成为海洋经济极具潜力的增长点。2011—2017 年北部湾海洋交通运输吞吐量如图 3.2 所示。

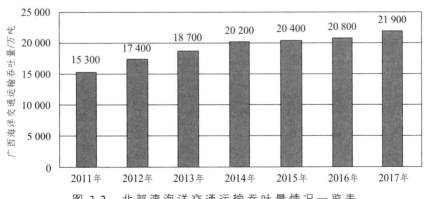

图 3.2　北部湾海洋交通运输吞吐量情况一览表

### 3. 滨海旅游业

近年来，北部湾滨海旅游业处于持续快速增长时期，旅游产业基础设施逐步完善，规模不断壮大，对经济和社会发展的贡献日益增强。2017 年广西海洋生产总值为 1 394 亿元，相较 2016 年同比增长 11.4%；海洋旅游业总收入为 792 亿元，占广西海洋生产总值的比重为 56.8%，全年共接待国内游客 11 565.05 万人次，接待入境过夜游客 93.56 万人次，实现旅游外汇收入 3.29 亿美元。滨海度假、海岛探秘、避寒养生、会议展览、美食购物等已成为北部湾主体旅游产品，多元化的旅游体系已初步形成。旅游基础设施不断完善，北海银滩、湛江渔港公园等改造工程持续推进，涠洲岛、放鸡岛、南三岛、海陵岛、海花岛整体开发建设取得新进展，北海、海口国际邮轮母港建设稳步推进，钦州三娘湾旅游风景区、湛江吉兆湾海洋生态度假区、阳江月亮湾度假区、海口美丽沙旅游度假区、昌江棋子湾旅游度假区等旅游景区标准化建设取得显著成效，2016 年北部湾 4A 景区增至 66 处，旅游星级饭店数量达 2 335 家，滨海旅游已然成为北部湾重要的支柱产业之一。

## 二、海洋新兴产业

### 1. 海洋工程装备制造业

海洋工程装备产业在行业分类管理上归属船舶工业，是船舶工业基础的重要组成部分，其作为一个相对独立的产业，是海洋油气开发产业链上的关键环节。海洋工程装备是用于海洋资源勘探、开采、加工、储运、管理及后勤服务等方面的大型工程装备和辅助装备，包括各类钻井平台、采油平台、生产处理平台、生活模块、浮式生产储油船（FPSO）、卸油船、起重船、海洋挖沟埋管船、潜水作业船及浮标体等。北部湾大力发展海洋工程装备制造业，海洋工程装备制造业发展势头良好，已拓展至海洋石油化工、船舶修造和港口机械等行业，填补了海洋电力、环保、电子信息等领域的空白。钦州依托奋勇高新区、钦州石化产业园和金牌港经济开发区，主要从事深水钻井平台、深水浮式平台、FPSO、JACK-UP 等海工装备制造；北海、防城港凭借北海电子产业园和企沙工业区的园区优势，重点发展船舶电子等海洋仪器设备和港口机械装备制造业；广西海森特重工有限公司海洋工程装备制造项目目前已落户广西防城港市企沙工业区云约江北岸，项目总用海面积约 2 681 亩（1 亩 ≈ 666.67 平方米），用地面积约 65 亩（自然岸线达 546 米）。该项目计划总投资 10 亿元，主要用于建设年产 30 万吨级的船体分段及海洋工程模块制造厂、10 万吨级船舶舾装码头、自备油库及材料码头。项目建成后将填补广西重型海洋工程装备制造业的空白，有力提升北部湾先进装备制造业的水平，成为南海油气等战略资源开发距离最近、装备制造和维护能力极强的重要基地。中船华南船舶机械有限公司海洋工程平台的起重设备产品规格齐全，由小型到大型、由浅海到深海均有配备，海洋平台起重机起重能力达 300 吨，目前正着力开发起重能力达 800 吨的海洋起重机。南宁、玉林作为北钦防海洋产业的延伸腹地，布局发展一定规模的船舶配套装备制造业。

### 2. 海洋生物医药业

海洋生物医药业是以海洋生物为原料，进行海洋药品与海洋保健品的生产加工及制造活动的产业。近年来，北部湾海洋和渔业部门加速向"蓝色药库"进军，凭借丰富的海洋药用生物资源，融合产学研多方力量，加快技术基础研发能力、扩大产业规模和提升产业增加值，使海洋生物医药产业得到迅速发展。借助国家战略"蓝色经济"的发展浪潮，广西海洋生物医药使各类海洋产物不断从海洋深处走进实验室，研发出大量涉及药物、食品、功能食品、化妆品、酶制剂、生物工具药等方面的海洋天然产物专利产品。

目前，广西壮族自治区已形成了以广西中医药大学海洋药物研究院、广西海洋生物技术重点实验室、广西大学海洋学院为核心的重点研究团队与关键技术支撑。其中，广西中医药大学海洋药物研究院以传统海洋中药和海洋创新药物的研究与开发为发展主线，不仅拥有广西海洋传统药物研究领军人才库，还出版了广西首本海洋药物专著《广西海洋药物》。广西海洋生物技术重点实验室依托自治区海洋研究所，重点开展以亚热带海洋生物资源利用为特色的海洋生物繁育与选育、海水健康养殖、海洋生物活性物质研究。

2017 年北部湾海洋生物业发展较快，全年实现增值 2 亿元，与上年持平。北海、钦州、防城港 3 市丰富的海洋生物资源和技术开发、产业发展条件，为海洋生物医药产业规模开发奠定了坚实的基础，海洋和渔业部门通过充分激活海洋生物制药龙头企业的能量，打通"发现—技术—工程—产业"的成果转化链条。

北海国发海洋生物产业股份有限公司以生产珍珠明目滴眼液、珍珠层粉、珍珠末、复方苦木消炎片、珍珠灵片等产品为主，是全国唯一一家从事海水珍珠贝类（合浦南珠）、藻类、甲壳类等特色生物资源综合开发、加工的上市公司。

北海蓝海洋生物药业有限责任公司利用现代生物工程技术开发鱼肝油乳、罗汉果鱼油及维生素 AD 滴剂等鱼肝油系列产品，年生产鱼肝油 3 000 多吨，其产品远销全国各地及东盟各国。

目前，自治区已经形成了以北海市铁山港区和防城港市防城区为重点的珍珠主产区，培育珍珠养殖场近 2 000 个，养殖面积近 6 万亩，年产珍珠能力可达 11 吨（正常年份产量 8 吨左右）。北部湾有超过 60 家公司和超过 450 家的个体户从事珍珠及其制品销售工作，产品涵盖了以珍珠为原料的珍珠首饰、美容护肤品、药品、保健品580多种，年交易额超过8亿元。

马尾藻是利用率较高的藻类，广泛分布于广西沿海及涠洲岛一带，从20世纪60年代开始被广泛应用于提取甘露醇的试验中，是广西藻类资源药物利用的典型代表。另一类利用率较高的藻类——螺旋藻，具有极高的医疗保健价值，从中提取的产品是首批通过国家卫生部检测、获得国家保健食品批文的纯天然和全营养保健食品，已成功打入东亚和西亚国家销售市场。下一步，广西海洋和渔业部门将编制广西海洋生物医药产业发展规划，优化海洋生物产业空间布局，构建广西海洋生物产业研发平台，打造中国—东盟海洋生物医药资源集散中心，重点开发抗肿瘤、抗心脑血管疾病、抗病毒等海洋创新药物，打造海洋生物医药产业集群，推进广西海洋生物医药产业向"百亿元"产业发展。

### 3. 海洋工程建筑业

海洋工程建筑业是指在海上、海底和海岸进行用于海洋生产、交通、娱乐、防护等用途的建筑工程的施工及其准备活动的产业，包括海港建筑、滨海电站建筑、海岸堤坝建筑、海洋隧道、桥梁建筑、海上油气田陆地终端及处理设施建造、海底线路管道和设备安装，不包括各部门、各地区的房屋建筑及房屋装修工程。北部湾海洋工程建筑业保持平稳增长，2017年实现增加值110亿元，比2016年增长5.8%。曲折的1 628.59千米的海岸线使得北部湾潮波系统潮差较大，潮汐能蕴藏十分丰富，理论蕴藏量高，仅北部湾沿岸就有18处港湾具备500千瓦以上的装机容量开发条件。防城港红沙核电站等一批代表性核电基地，重点围绕发展清洁能源和安全可靠的输变电网络为目标，充分利用北部湾海洋资源优势，积极构建清洁、安全、可靠的能源保障体系，正逐步实现北部湾能源结构多元化发展。2004年以来，广西壮族自治区党委、政府出台一系列政策措施，加大沿海港口建设，完善基础设施，促进港口转型升级，广西北部湾港口的综合竞争力不断提高，成为我国中南、西南物资出海的重要通道及中国对接东盟国家最便捷的海上门户。如今，中国与东盟国家 90%以上的外贸货物通过海运完成，中国与西南地区经广西北部湾港集疏运的货物占港口吞吐量的比重超过 35%。2015 年，广西北部湾港建成生产性泊位 256 个，其中万吨级以上泊位 79 个，分别比"十一五"末增加 39 个和 30 个；港口综合通过能力达到 2.2 亿吨，是"十一五"末的 1.8 倍。

4. 海水利用业

海水利用业指利用海水进行淡水生产和将海水应用于工业生产和城市用水的产业。包括利用海水进行淡水生产和将海水应用于工业冷却用水、城市生活用水和消防用水。2017 年，北部湾海水直接利用规模与 2016 年基本一致，全年实现增加值 0.5 亿元。随着燃煤电厂、钢铁冶炼、林纸一体化等重大项目开工建设和投产，北部湾民用海岛海水淡化工程发展迅速，海水淡化工程主要分布在北海涠洲岛、斜阳岛。虽然目前北部湾海水淡化企业寥寥无几，但海水淡化生产生活用水前期工作正在开展；中海油在涠洲岛建立小型海水淡化厂，有效增加了民用淡水资源总量。

## 三、临海工业

### 1. 海洋油气

2016 年北部湾海洋油气和海洋化工分别实现总产值 198.84 亿元和 342.97 亿元，分别占海洋产业生产总值的 6.52%和 11.26%，初步构建了以钢铁、石化、清洁能源、有色金属、粮油加工为代表的北部湾临海工业新格局。防城港以临海产业转移工业园和企沙工业区钢铁产业园为载体，培育壮大以钢铁为主的冶金工业，重点发展高附加值的造船板、汽车板、家电板和机电板以及输变电等材料。钦州依托钦州石化产业园，成功推进 LNG、PX、PTA、甲醇、乙烯等精细化工产品和国家原油、成品油储存基地建设。

## 2. 海洋化工行业

海洋化工业指以海盐、溴素、钾、镁及海洋藻类等直接从海水中提取的物质作为原料进行的一次加工产品的生产，包括烧碱（氢氧化钠）、纯碱（碳酸氢钠）以及其他碱类的生产；还包括以制盐副产物为原料进行的氯化钾和硫酸钾的生产；或溴素加工产品以及碘等其他元素的加工产品的生产。2017 年北部湾海洋化工实现总产值 14 亿元，比 2016 年增长 16.7%，占海洋产业生产总值的 1.90%。防城港、玉林培育了广青镍合金、世纪青山镍合金、金川有色金属加工、广西银亿等一批规模较大的临港工业企业，优先发展以铜、镍为主的有色金属工业，促使铜、镍、钴及贵金属产业链不断完善，大型铜镍冶炼生产基地初现雏形。

# 四、其他海洋产业

## 1. 海洋造船业

2017 年，北部湾海洋造船业总产值 4 亿元，与 2016 年持平，占北部湾海洋经济生产总值的 0.56%。北部湾船舶生产企业主要分布在北海、防城港、钦州等地。历年来，广西沿海船舶生产企业主要集中在北海地区，但近年来，钦州、防城港口建设的不断发展和配套设施的不断完善，吸引了国内大中型修造船及海洋工程装备企业落户钦州和防城港。2015 年，中船钦州项目在三墩作业区开工建设，该项目的建设标志着广西将结束沿海没有大型修造船设施的历史，对加快培育广西北部湾经济区千亿元装备制造业具有重要意义。2018 年，项目进入第二阶段的造船项目建设，投资约 8 亿元。广西沿海现共有修造船及海洋工程装备生产企业 16 家，包括中船广西船舶及海洋工程有限公司钦州基地、广西海森特重工有限公司、广西北部湾海洋重工有限公司、广西南洋船舶工程有限公司等，这些企业虽然处在开展基础设施建设的阶段，离规模化投产尚需时日，但对广西沿海修造船及海洋工程装备产业的发展起到了积极的促进作用。广西沿海修造船和海洋工程装备工业发展目前处于初级水平阶段，现主要产品以渔船、中小型沿海客船与货船为主。

根据"十三五"报告，广西船海工业发展的原则如下：加快优化产业布局，促进产业集聚，坚持以集约作为发展的基本模式；加快发展方式转变，促进产业调整、转型和升级，坚持以特色作为发展的基本特征；加快科技创新步伐，提高产业综合水平，坚持以创新作为发展的持续动力；加快推动修造船、海洋工程及配套产业协调发展，促进产业延伸，坚持以协调作为发展的指导方向；加快推进行业军民融合深度发展，加强军民统筹与协调，坚持以"融合"作为发展的有效途径；加快推行现代企业制度，加强行业监管和规范市场秩序，坚持以有序作为发展的有力支撑。

在海洋船舶领域，桂船公司、西船公司是毫无疑问的行业龙头，以公务执法船、中小型舰船和高技术船舶这类需要较强技术和管理能力支撑的产品为主打；远洋渔船建造以北海渔轮厂、广西南洋船舶工程有限公司等优质沿海船企为主；旅游观光船、中高档游艇、高速客船等特色船舶建造则以北部湾旅游股份有限公司海运船厂、桂林五洲旅游股份有限公司漓江造船厂等企业为主。

2. 海洋盐业

由于受全国盐业产能过剩、结构调整，气候条件制约，生产成本高，产量低等因素影响，北部湾大部分盐场已经改制或转产。北部湾海洋盐业数据主要来源于北海市竹林盐场，自 2015 年以来，盐场企业改制，企业调整产能，海盐产量持续减少，2017 年企业停产转制。

### 3. 海洋矿业

北部湾是我国沿海六大含油盆地之一，油气资源蕴藏量丰富，石油资源量达 16.7 亿吨，天然气（伴生气）资源量达 1 457 亿立方米。北部湾海底沉积物中含有丰富的矿产资源，已探明的有 28 种，以石英砂矿、钛铁矿、石膏矿、石灰矿、陶土矿等为主，其中石英砂矿远景储量达 10 亿吨以上，石膏矿保有储量达 3 亿多吨，石灰石矿保有储量达 1.5 亿吨，钛铁矿地质储量近 2500 万吨，对广西经济的发展起到重要的保障作用。同时海滨砂矿开发在北部湾地区也占有举足轻重的地位，包括北海、钦州的钛铁矿，防城港的金红石，阳江、儋州的石英砂，茂名的锡矿以及昌江、东方的金矿等资源，产量位居全国前列。2017 年海洋矿业生产总值为 1.0 亿，与 2016 年持平。

# 第五节　北部湾海洋资源产业化发展特点

## 一、海洋产业规模特征

### 1. 海洋产业总规模特征

近年来，随着我国海洋强国战略和各地海洋强省（市）战略的实施，北部湾地区海洋经济发展稳中有进。2011 年北部湾海洋生产总值 614 亿元，比 2010 年现价增长 19%，约占广西北部湾经济区四城市（南宁、北海、钦州、防城港）国民生产总值的 17%，占整个广西国民生产总值的 5.2%；2017 年广西海洋生产总值达 1 394 亿元，比 2016 年现价增长 11.4%，约占广西北部湾经济区四城市的 18.8%，占整个广西国民生产总值的 6.8%。2011—2017 年，海洋经济占地区国民生产总值无较大增幅，占整个北部湾的比例常年保持在 18%左右，占整个广西比例在 6%左右。从发展速度看，北部湾海洋产业总产值呈稳定增长趋势。因受经济下行压力和供给侧结构性调整影响，2012—2015 年，海洋产业总产值与地区生产总值发展同调，增速均控制在 6%左右，2015—2017 年，海洋产业总产值增长速度高出同期地区生产总值 1～1.7 个百分点。总体而论，北部湾海洋产业行稳致远。2011—2017 年北部湾海洋生产总值如图 3.3 所示。

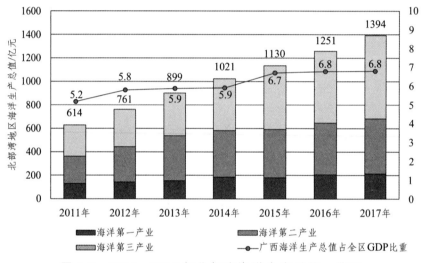

图 3.3　2011—2017 年北部湾海洋生产总值一览图

## 2. 海洋产业规模区域差异特征

2011—2017 年，北部湾各市县海洋经济稳中有进，区域产业差距逐步缩小。从增长速度来看，北部湾海洋产业总产值与地区生产总值年均增长率均呈正向增长，钦州、北海、防城港等海洋产业总产值年均增长率均高出同期地区生产总值年均增长率 1～8 个百分点，发展势头强劲。2011 年，钦州地区海洋生产总值 256 亿元，占广西海洋生产总值的比重为 39%；北海地区海洋生产总值 228 亿元，占广西海洋生产总值的比重为 35%；防城港地区海洋生产总值 170 亿元，占广西海洋生产总值的比重为 26%。2017

年，钦州地区海洋生产总值 523 亿元，占广西海洋生产总值的比重为 37.5%；北海地区海洋生产总值 533 亿元，占广西海洋生产总值的比重为 38.2%；防城港地区海洋生产总值 338 亿元，占广西海洋生产总值的比重为 24.3%。综合对比 2011 和 2017 年海洋产业总值的年均增率和对北部湾海洋经济的贡献度，北海的海洋产业总产值年均增长率略高于钦州和防城港地区，但差别不大，说明北部湾海洋经济发展的区域差异正在逐步缩小。北部湾沿海三市海洋生产总值结构如图 3.4 所示。

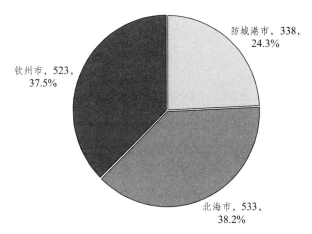

单位：亿元

图 3.4　2017 年北部湾沿海三市海洋生产总值结构图

## 二、海洋产业结构特征

### 1. 海洋三次产业结构特征

以海洋渔业、海洋盐业、海洋矿业、海洋油气、海洋化工、海水利用、海洋生物医药、海洋工程建筑、海洋造船、海洋交通运输、滨海旅游 12 类主要海洋产业为基础，通过计算北部湾地区海洋三次产业比例结构可知，2011 年北部湾海洋第一产业产值增加 111 亿元，第二产业产值增加 268 亿元，第三产业产值增加 275

亿元，海洋第一、第二、第三产业增加值占海洋生产总值的比重分别为 17%、41%、42%。2017 年海洋第一产业产值增加 212 亿元，第二产业产值增加 466 亿元，第三产业产值增加 716 亿元，海洋第一、第二、第三产业增加值占海洋生产总值的比重分别为 15.2%、33.4%、51.4%。由此可见北部湾海洋三次产业比例结构变化较大，第一产业比重下降了 1.8 个百分点，第二产业比重下降了 7.6 个百分点，第三产业比重稳步提升了 9.4 个百分点，北部湾海洋产业结构正不断优化调整，如图 3.5 所示。

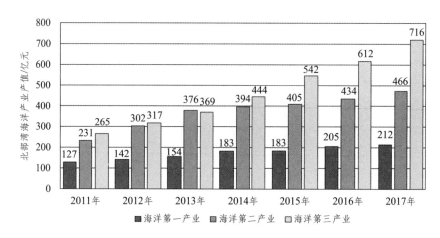

图 3.5　2011—2017 年北部湾海洋三次产业产值一览图

　　但总体来看，目前北部湾海洋产业结构仍是以传统海洋产业为主，2011—2017 年其主要海洋产业增加值如图 3.6 所示。2017 年，海洋渔业、海洋盐业、海洋交通运输三大传统产业产值总计 605 亿元，占地区海洋产业总产值的比重达 82.1%，而海洋可持续能源业、海洋生物医药业、海水综合利用业等新兴海洋产业占比较小，尚未形成集聚规模。2017 年，全国海洋第一、第二、第三产业增加值占海洋生产总值的比重分别为 4.6%、38.8% 和 56.6%，海洋三次产业结构连续 6 年保持"三、二、一"的态势。海洋第三产业发展势头强劲，占海洋生产总值的比重比上年提高了 1.4 个百分点，继续发挥着海洋经济稳定器的作用。从全国来看，北部湾地区海洋产业结构落后于全国水平，但差距不算太大。

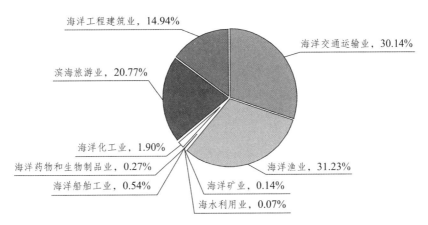

图 3.6　2017 年北部湾主要海洋产业增加值构成一览图

2. 海洋产业结构区域差异特征

综合考虑各市县最高的两种海洋产业的产值差距，以及各市县各海洋产业在该地区海洋产业中所处的地位，可以看出，北部湾海洋产业的发展既有以多业为主的市县，也有以一业为主的市县。其中，以多业为主的市县主要有：北海，以海洋渔业、滨海旅游两业为主；钦州，以海洋工程装备、交通运输两业为主；防城港，以海洋渔业、海洋交通运输业为主；南宁，以海产品加工、海洋生物医药业为主。而以一业为主的是玉林和崇左，它们的海产品加工行业优势明显，对地区海洋经济贡献度较高。总体而言，北部湾海洋产业结构较为合理，已处于海洋产业结构演进的第三阶段。

## 三、海洋产业发展特征

根据 2016—2017 年北部湾地区各具体海洋产业的增长情况，可以得知，近年北部湾地区海洋渔业继续保持增长状态，但增速明显放缓；海洋盐业自 2015 年受盐场企业改制、调整产能的影响，增速回落，并逐渐趋于稳定状态；海洋矿业、海洋油气、海洋生物医药业、海水利用业、海洋船舶工业等资金与技术密集型临海产业增速不显著，根本原因在于沿海地区已经步入工业化中后期阶段，工业产能超过需求，压缩了北部湾地区靠投资拉动、工业带动的发展空间；海洋化工业等海洋新兴产业虽然总体规模仍然较小，但增长速度较快，为北部湾海洋产业持续优化注入了新的活力；滨海旅游业发展最快，2017 年增速达 39.1%，有望取代海洋渔业成为北部湾地区的海洋主导产业。（见表 3.6）

表 3.6　2016—2017 年北部湾海洋生产总值变化情况表

| 产业名称 | 2016 年国家最终核算数据/亿元 | 2017 年国家初步核实数据/亿元 | 现价增速/% |
|---|---|---|---|
| 海洋生产总值 | 1251.00 | 1394.00 | 11.4 |
| 海洋产业 | 793.00 | 892.00 | 12.5 |
| 主要海洋产业 | 660.00 | 736.00 | 11.5 |
| 海洋渔业 | 221.00 | 230.00 | 4.1 |
| 　其中：海洋水产品 | 191.00 | 197.00 | 3.1 |
| 　海洋渔业服务业 | 15.00 | 16.00 | 6.7 |
| 　海洋水产品加工 | 15.00 | 17.00 | 13.3 |
| 海洋油气业 | — | — | — |
| 海洋盐业 | 0.01 | — | — |
| 海洋矿业 | 1.00 | 1.00 | 0.0 |
| 海洋化工业 | 12.00 | 14.00 | 16.7 |
| 海洋生物医药业 | 2.00 | 2.00 | 0.0 |
| 海洋电力业 | — | — | — |
| 海水利用业 | 0.50 | 0.50 | 0.0 |
| 海洋船舶工业 | 4.00 | 4.00 | 0.0 |

| 产业名称 | 2016 年国家最终核算数据/亿元 | 2017 年国家初步核实数据/亿元 | 现价增速/% |
|---|---|---|---|
| 海洋工程建筑业 | 104.00 | 110.00 | 5.8 |
| 海洋交通运输业 | 205.00 | 222.00 | 6.7 |
| 滨海旅游业 | 110.00 | 153.00 | 39.1 |
| 其中：国际旅游 | 2.50 | 2.83 | 13.2 |
| 海洋科研教育管理服务业 | 133.00 | 155.00 | 16.5 |
| 海洋相关产业 | 458.00 | 503.00 | 9.8 |

# 第六节　北部湾海洋资源产业化发展存在的问题

北部湾海洋经济总量偏小，无论是对地区经济增长的贡献值还是对全国海洋经济增长的贡献值，都长期在低位徘徊，难以形成产业集群效应和规模效应。同时，周边各省市不断开发海洋，加强与东盟全方位的合作交流，给广西海洋产业发展带来较大压力。

## 一、产业结构不合理

近年来，北部湾海洋产业发展较为平稳，在主要海洋产业经济拉动中起到主导作用的是海洋渔业、海洋交通运输业、滨海旅游业及海洋工程建筑业这样的传统海洋产业，这些产业多为资源型和劳动力密集型产业，说明目前北部湾海洋产业发展以生产初级产品和建设港口码头设施为主；海洋生物医药、海洋船舶工业等海洋高新技术产业尚处于起步阶段，规模不大，占比偏低。

此外，由于区域分工体系不明晰，北海、钦州、防城港三市的海洋主导产业同质性强，导致北部湾海洋产业同构、资源闲置和无序竞争等问题突出。总的来说，北部湾海洋产业还处于初始层次，海洋产业结构不够科学、合理，海洋产业对国民经济增长的拉动作用还比较有限。海洋产业仍处于以传统、粗放型海洋开发为主的初级阶段，海洋高新技术产业发展缓慢，缺乏海洋产业的名牌产品和龙头企业。北部湾海域岛屿众多，地理分散，海洋地理条件的限制使一些能够形成相关产业链的企业难以在空间上集聚，对海洋循环经济的发展形成一定的制约。

## 二、产业科技创新能力较低

目前，北部湾海洋产业发展以资源依赖型和劳动密集型为主，产品主要集中在初级阶段，产品科技含量和附加值较低，海洋科技力量比较薄弱，缺乏核心竞争力。海洋科研人才缺乏，海洋科技力量薄弱。产业和科研之间结合不够紧密。区内海洋科研机构少，科技投入不足，尚未建立科研成果迅速转化为现实生产力的有效机制，海洋科技对海洋资源开发的支撑条件有限。

科技发展是国家提升整体实力的关键性因素，海洋经济的发展必然要依靠科技进步来实现，海洋经济想要实现资源的合理配置和优化，必须要依靠科技的发展与科技资源来推动海洋经济的良性可持续发展。广西北部湾的海洋经济同样需要科技来支撑发展，但是从当前海洋科技发展现状来看，该方面仍有待进一步完善。据相关数据统计显示，2016 年的广西海洋经济产值中，资本或劳动力密集型的行业产值相对于其他产业产值来说较高，比如海洋水产品、海洋工程建筑与海洋交通运输业等产业，它们的产值都超过了 90 亿。虽然这些产业在发展中取得了较大的成果，但是目前海洋产业仍面临着产业链配套不足、人才引进制度不完善等问题，严重制约了海洋产业的壮大与发展。因此，必须不断提升科技水平来推动海洋产业的发展，依靠科技水平提升产品的附加值。只有兼顾技术水平和新兴产业技术研发，才能够促进海洋经济的持续性发展，更好地服务"海洋强区"。

## 三、经济发展与生态保护矛盾升级

相对于我国其他海域，北部湾海域海水质量总体状况良好，但伴随北部湾城市建设和海洋经济的快速发展，涉海项目增多，大量人口涌向沿海地带，沿海地区海陆生产规模扩大，生活污水直排入海，沿海部分河流处于中度、重度污染状态，海域污染加剧。北部湾海域还存在红树林面积减少、湿地净化污水能力降低等现象，生态压力渐现；由于资源开发与管理方式粗放，加之生态环境保护意识不强，导致个别海湾环境承载力降低，局部海域养殖密度及近海捕捞强度不断扩大，沿岸浅海滩涂生物资源衰退，原生经济物种濒临灭绝；海洋污染控制与治理体系不完善。这些问题导致了局部海域环境质量呈下降趋势，近海生态环境恶化。

随着北部湾经济区的发展，海洋环境隐忧犹存。北海市廉州湾及钦州市钦州港、茅尾海等近岸海湾、港口区内出现了轻度污染，对养殖生物的生长及海洋环境的保护均有负面影响。北海、钦州等地污水处理厂在运行平稳性、管网配套、在线监测设备有效运行等方面还存在一定问题。

## 四、海洋管理体制与海洋经济发展不相称

对海洋经济的管理缺乏完整统一的管理体制，长期以来存在多头管理现象，如海洋经济发展规划的制定由政府计划管理部门负责，海洋交通运输由交通港务部门负责，滩涂由农业部门负责，海洋渔业由政府海洋渔业局负责，海岸带管理由地方政府负责，海洋旅游由旅游局负责，此外盐业、矿业等行业部门也涉及在内。

多头管理造成职能交叉、管理混乱、重复建设和资源浪费，大大降低了管理效能，增加了管理难度，难以形成统一的管理体系。

## 五、宏观指导、协调和规划力度有待加强

目前，北部湾海洋产业内部、各海洋产业之间结构性矛盾突出，北海、钦州、防城港的海洋产业结构、产业发展目标和相关产业布局基本相似，共性多、个性少，存在着无序发展和无序竞争的问题，不利于北部湾海洋经济持续快速健康发展。

# 第四章　海洋资源产业化发展模式

　　我国是一个发展中的海洋大国，海域广阔，有着 18 000 千米的大陆海岸线、14 000 千米的岛屿海岸线、6 500 多个 500 平方米以上的岛屿和近 300 万平方千米的主张管辖海域。海洋资源种类繁多，海洋生物资源、滨海旅游资源、石油天然气、固体矿产和可再生能源丰富，海洋经济的发展取得了显著的成就。进入 21 世纪，沿海地区与陆域地区的联系日益紧密，海洋经济发展成为沿海地区面临的重要战略机遇，沿海各省市纷纷提出了发展海洋经济的战略，如辽宁省的"海上辽宁"，山东省的"海上山东"，海南省的"以海兴岛"等战略。海洋资源产业在我国建设"海洋强国"的总体战略下，呈现多种发展模式。在借鉴国内外发展经验的基础上，本书试图总结归纳出几种主要的发展模式，以供北部湾港发展借鉴。

## 第一节　海洋资源产业及产业发展模式内涵

　　我国拥有丰富的海洋资源，如海水能源、矿藏资源、海洋生物资源（包括海洋渔场与水产品）、海洋药物等。产业是经济活动的载体，是经济系统中的基础单元。根据其生产对象及空间区位特征可广义地将产业细分为海洋产业与陆域产业两大部分。目前，西方沿海国家对"海洋产业"的表述基本相同。在美国，将在生产过程当中的那些利用海洋资源或由于某些特定的源于海洋的性质，来生产所需要的产品或服务的活动定义为海洋产业。在澳大利亚，则将那些利用海洋资源进行生产以及将海洋资源作为主要投入的活动定义为海洋产业。加拿大的海洋产业是指以加拿大海区以及与其海区相邻的沿海社区为基地的产业活动，或者其收入与海区活动密切相关的产业活动。

我国根据《海洋及相关产业分类》（GB/T 20794—2006）标准，将海洋产业区分为海洋产业及海洋相关产业两个类别。海洋产业是指开发、利用和保护海洋所进行的生产和服务活动；海洋相关产业是指以各种投入产出为联系纽带，与主要海洋产业构成技术、经济联系的上下游产业。借鉴费希尔（1935）的三次产业划分思想，海洋产业可以进行三次产业的划分，海洋产业体系的演化本质上是海洋三次产业间技术经济联系与具体联系方式的演化，并具体表现为海洋主导或支柱产业部门的不断替代，以及产业间投入产出比例的相对变化。经过数十年发展，目前我国已形成了以海洋渔业、海洋交通运输业、滨海旅游业、海洋电力业、海洋工程与建筑业、海水利用业等12大主要海洋产业为核心，海洋科研教育管理服务业与海洋相关产业全面发展的海洋产业体系。我国海洋产业体系结构形态目前为"三二一"结构，总体已呈现出高级化演进趋势。在三次产业结构得到优化的同时，海洋高新技术产业、海洋战略性新兴产业以及海洋现代服务业不断孕育，并取得突破性进展，促进海洋经济步入战略转型期与快速增长时期。

从根本上来说，产业发展模式设计的实质是确定国力分配的最优方案，目的是用有限的国力以最经济的方式实现既定的发展目标，而不同的发展模式表现在产业发展上即形成不同的产业发展模式。产业发展模式，是指由产业结构、产业布局构成的产业发展的总体格局。产业的部门结构与产业的区域结构是产业发展模式的两大基本构成要素，它们互相融合、互相影响，关系密切。而海洋资源产业发展模式，是指基于丰富的海洋资源条件，根据不同区域经济发展的状况，理顺产业部门结构和产业区域结构的关系，选择适宜的产业集聚、融合、科技创新、海路结合等发展的方式方法，以达到海洋资源的高效利用，实现海洋资源产业经济一体化的目标。

在海洋资源开发和海洋经济的研究上，国外研究海洋经济对国民经济发展贡献的成果可追溯到 20 世纪 60 年代。美国率先提出"蓝色经济"的概念，并将这种思想贯彻在海洋开发和经济发展中的具体规划和思路蓝图上，渗透于海岸带、湾区、海洋开发区、沿海自由经济区、海洋保护区等多种形式的海洋经济区中，因此其发展实践为国际蓝色经济发展思想的整合，以及为蓝色经济区的规划发展提供了借鉴性思路。在海洋经济发展方面，美国、日本、韩国、加拿大、英国、澳大利亚等在理论研究和实践经验方面都有丰富的成果，他们主要从管理制度和规范、港区布局规划等方面进行研究。国内学者对海洋资源开发利用、空间规划布局、生态循环经济及科技兴海等领域都有丰富研究，大多集中于港口建设、海洋经济、海岸资源开发和区域经济发展等领域，但其研究内容多侧重于港口经济区的规划布局，对发展模式的研究尚有欠缺，在海洋资源产业发展模式的具体研究上还未能形成系统的理论。本书立足于国内外学者的研究内容，总结归纳出若干具有代表性的海洋产业发展模式，以期供北部湾港乃至其他新兴港区经济建设借鉴。

# 第二节　海洋资源产业化发展模式分析

## 一、资源组合式发展模式

1. 资源组合的含义

资源组合也称自然资源地域组合，是指各种自然资源在一定地域上的有机结合。自然界各类自然资源总是相互联系、相互制约地存在于同一地域内，有些地区各类自然资源配合较好，形成良好的地域组合；反之形成不良的地域组合。前者往往能以较少的资金、设备、劳动力投入，取得较大的经济效益，并为资源的尽快开发提供可能；后者为改造地域自然资源组合中的不利条件，需投入较多的人力、物力和财力，并推迟其开发时序。如：铁、炼焦煤、耐火材料、熔剂等资源结合较好的地区，具有发展钢铁工业的有利条件；某些大耗能的有色金属冶炼（如铝、镁、钛、镍等）与丰富的水力资源相结合，对其发展也十分有利。自然资源地域组合中的各要素，在不同地区和部门的作用不能等同。

2. 海洋资源组合式发展的内涵

海洋资源组合是指海洋资源集中出现在一定地域、区域的有机结合，包括丰富的海上资源和滨海渔港资源。良好的海洋资源组合条件是海洋经济有效开发的前提。比如我国辽宁省作为全国重要沿海省份之一，临黄海、渤海两个海域，大陆海岸线长约 2 100 千米，约占全国大陆海岸线的 12%。海洋资源丰富多样，按照资源的性质、特点和形态分类，辽宁海域具有海洋生物资源、滨海油气资源、港口资源、海水资源、海洋能资源、海岸矿产资源、滨海旅游资源和海洋空间资源等，并且海岸线长，优良渔港众多，具有优良的资源组合。

海洋资源组合式发展模式是指主要依托区域海洋资源丰富程度，立足于海洋资源的高度综合性和融合性，选取特定的资源组合在一起协同发展的模式。这种模式是借势发展的主要模式，具有自然性、基础性、整合性等特征。

3. 资源组合式发展模式的思路流程

海洋资源组合式发展模式的前提在于该地区应该具有资源禀赋，自然资源体系完整，组合优良，易于协同开发，可通过海洋资源潜力测评开展当地资源丰度评估。海洋资源组合丰度评估和资源组合丰裕度指数是确定某地区海洋资源开发与区域经济发展关系的评估系统。如需评估某地区的海洋资源，第一，可对地方海洋资源进行全盘调研，掌握当地海洋资源的特征。第二，可对其海洋资源组合进行丰度评估。海洋资源的组合丰度实际上是海域范围内海洋资源的种类、数量的赋存，其组合反映了相关资源的比例。同一海域有多种海洋资源分布，不同海域内的海洋资源由于数量和质量不同，其资源丰度有所差异。《全国海洋开发规划》（国家海洋局于 1991 年开始编制）分析研究了中国海洋资源开发现状和潜势评价，对资源进行了数量分析，并提出了资源丰度指数（ $S = \sum_{i=1}^{n} S_i$ ， $\boldsymbol{S_i} = E_i \cdot X_i / T_i$ ， $S$ 代表总的资源丰度指数， $S_i$ 代表资源 $i$ 的丰度指数， $E_i$ 代表资源 $i$ 的权系数， $X_i$ 代表资源 $i$ 的量， $T_i$ 代表资源 $i$ 总量），资源密度指数 [（ $Y = \sum_{i=1}^{n} Y_i$ ， $Y_i = E_i \cdot K_i / G_i$ ， $Y$ 代表总的资源密度指数， $Y_i$ 代表资源 $i$ 的密度指数， $E_i$ 代表资源 $i$ 的权系数， $K_i$ 代表资源 $i$ 的密度（单位岸线或单位面积的资源量）， $G_i$ 代表资源 $i$ 密度之和 ]，可对不同海区、地区的不同资源进行定量评价和综合评价。第三，如需更进一步评估地区海洋资源禀赋与区域经济之间的关系，可做海洋资源丰裕度评估。海洋资源丰裕度指数即各海洋产品平均产量比重乘以各海洋产业权重。海洋资源丰裕度指数的公式为 $\text{SRPI} = \sum_{s}^{n} \text{SR}_i / (s-n) \times P_i$ ，式中 SRPI 为海洋资源丰裕度指数， $\text{SR}_i$ 为海洋产品 $i$ 平均产量比重， $s$ 和 $n$ 分别指代年份， $s\text{-}n$ 为时间跨度， $P_i$ 为海洋产业 $i$ 的权重，权重可用层次分析法求得。该公式可求出一段时期内（以年为单位）海洋资源丰裕度情况。

4. 经典案例

我国河北省沿海地区处环渤海的中心地带，依托京津，辐射

"三北"(即东北、华北、西北),是华北和西北重要的入海通道。其海岸线长 487 千米,海岸带总面积 11 379.88 平方千米,占全省陆地总面积的 6%,有海岛 132 个,海岛面积 8.43 平方千米,集中分布于滦河口和曹妃甸海域。河北省具有优越的地理条件和丰富的物产资源,包括大型港址资源(曹妃甸港、秦皇岛港、京唐港、黄骅港)、滩涂资源、海洋生物资源、油气资源、盐业资源、滨海旅游资源(海洋旅游 A 级景区 198 个)等。河北省具有丰富的海洋资源,资源禀赋条件各异,组合优良,海洋资源开发采取资源组合开发模式。一是"港(口)—产(业)—城(市)—(旅)游"组合开发模式,以秦皇岛、曹妃甸新区、乐亭新区、渤海新区为重点,加强现代化综合大港、临港产业园区、滨海新城和旅游功能区一体化规划建设,促进港口、产业、港城和旅游互促互动、组团式发展、一体化发展;二是"渔(业)—盐(业)"组合开发模式,以大清河盐场、南堡盐场和沧州盐场为重点,充分利用分级盐池,开展不同耐盐度海洋生物增养殖,建设渔盐结合型海洋牧场;三是"渔(业)—(风)能"组合开发模式,以沧州和唐山近岸海域为重点,结合潮间带及海洋风电场建设,科学规划建设控制性人工海档,布设和投放人工鱼礁,建设新型海洋牧场,推动渔能立体式开发。

5. 资源组合式发展模式的选择路径

海洋资源是区域海洋经济发展的基础,对区域海洋产业结构、区域海洋经济类型及海洋经济区际差异等都有重要的影响。区域海洋经济最初总是依靠区域内海洋自然资源的开发而发展的,在区域海洋经济发展的初期,区域海洋资源构成往往决定着区域海洋产业结构,而区域海洋资源优势则决定着区域海洋经济发展方向。而当区域海洋经济发展到较高级阶段,海洋产业结构将发生变化,资源组合不局限于自然资源,还包括港区资源、产业资源等,使资源组合更具有灵活性,其发展模式可以多种方式结合。

在此基础上，资源组合式发展模式是对区域海洋资源优势的充分整合和利用。

第一，可选择相近港区（市）进行资源组合。如范围相近的工业港区、滨海城区、新兴产业园区、旅游功能区等，组合成港、市、园、旅一体化的区域，协同发展。

第二，可选择性质相近的产业进行资源组合，如以渔业+盐业、渔业+风能、渔业+旅游、渔业+交通+旅游等产业融合的资源组合方式进行海洋资源开发。

资源导向型的传统增长模式中，资源丰富程度往往代表了一个区域的海洋经济发展程度。但随着海洋经济结构的改变，随着经济的增长与产业结构的升级，资源的作用有所减弱。

自然资源开发与产业结构关系密切，一般而言，经济发展的初期与第一、二产业关系密切，随着产业结构升级，产业结构偏向第三产业，自然资源的作用有所减弱。

## 二、推动空间"点轴带面"互动式发展模式

### 1. 点轴理论的含义

点轴理论是国家或区域经济中的空间结构模式之一，即社会经济客体，在空间中按照"渐进式扩散"原理以"点-轴"形式形成的社会经济空间结构。该理论由波兰经济学家玛利士和萨伦巴提出。另外，我国著名经济地理学家陆大道也提出了完整的"点-轴系统"空间结构理论。波兰经济学家玛利士和萨伦巴认为，点-轴开发模式是增长极理论的延伸，从区域经济发展的过程看，经济中心总是首先集中在少数条件较好的区位，呈斑点状分布。这种经济中心既是区域增长极，也是点-轴开发模式的点。随着经济的发展，经济中心逐渐增加，点与点之间，由于生产要素交换需要交通线路以及动力供应线、水源供应线等，相互连接起来形成轴线。这种轴线首先是为区域增长极服务的，但轴线一经形成，

对人口、产业也具有吸引力，人口、产业将向轴线两侧集聚，并产生新的增长点。点轴贯通，就形成了点轴系统。因此，点轴开发可以理解为从发达区域大大小小的经济中心（点）沿交通线路向不发达区域纵深地发展推移。陆大道先生提出，在区域经济发展之初，"点""轴"对附近区域有很强的经济吸引力和凝聚力，到一定阶段，这些"点""轴"所聚积的要素和产业对附近区域产生扩散作用，成为区域经济增长的"发动机"。

2. "点轴带面"互动式发展模式的内涵

"点轴带面"互动式发展模式是关于渔港空间布局的产业发展模式，在我国国土开发和区域发展中被广泛应用并产生了深远的影响，国内外利用"点轴理论"进行渔港空间布局的案例非常多。20 世纪 90 年代初，我国运用该理论在沿海、沿边、沿江等实行"点-轴"开发战略，构成了"T"字形的战略性结构网络，取得了东部沿海经济发展的成功。

"点轴带面"互动式发展模式，指的是在点轴理论指导下，通过空间"渐进式扩散"的原理，逐渐将经济中心点向不发达区域纵深推移，从而逐渐实现"点—轴—面"的海洋产业区域经济片区。此类结构网络具有快速的传导性和集聚性，能逐渐将交通建设、动力供给、水源供给建设起来，从而带动人口、产业向轴线两侧集聚，最终形成规模性的港区发展增长模式。如在我国沿海地带，重点开发"一环"（环渤海湾）、"一岛"（海南省）、"一湾"（北部湾沿岸）、"三个三角"（长江三角洲、珠江三角洲、闽东南三角洲），联结成最大的产业密集带，这种开发模式构想便是在点-轴线开发基础上的进一步发展。

3. 空间"点轴带面"互动式发展模式思路

海洋资源"点轴带面"互动式产业发展模式的思路流程参照"点轴理论"原理及"点轴带面"互动式发展模式的内涵，可以归纳出产业发展模式思路流程：首先，在主要交通干道或有可开发潜力的道路选择上，可将海岸带及渔港集疏运交通道路培育为开发轴；其次，可将在开发轴附近所分布的渔港及其渔村、渔镇群培育成海岸带发展轴上的增长中心，即设置培育点，确定中心城镇与发展轴的等级体系，先重点开发较高级的中心城镇和发展轴，随着区域经济实力的增强，再将开发重点逐步转移扩散到级别较低的中心城镇和发展轴，与此同时，将海岸带发展轴线逐步向较不发达地区或距离发展轴线较远的地区延伸；最后，可把海港建设成现代港口经济区，使其发展成为区域发展中心，成为海岸带资源配置的综合性载体和平台，渔港及其海岸带的发展将带动整个海洋资源开发和海洋经济发展。

4．经典案例

（1）案例一。

日本四面环海，是典型的群岛国家，其200海里海域面积是国土面积的12倍。20世纪60年代，日本渔业经历了"沿海—近海—远洋"的高速发展时期。70年代后，由于国内经济形势和200海里专属经济区制度实施，日本提出"面向海洋，多元开发"的发展战略，开展渔港渔村整治，发展休闲渔业。日本政府在推动渔港经济区建设、开发渔业资源方面做了重要的措施，其中之一即是"重视规划，合理划分渔港等级"。渔业与日本居民生活息息相关，日本政府非常重视渔港的规划和建设，在1950年颁布《渔港法》后，平均5年就会更新一次渔港建设规划。渔港建设规划由内阁提议，国会批准，具体到每一个渔港，都有经过科学论证的中长期发展规划。日本政府根据渔港的实际情况、地位坐标和辐射范围，制定了一套科学的渔港等级划分标准，为渔港规划和建设提供了重要依据。依照该标准，日本渔港分为四个等级：一是服务于当地渔船的地方渔港；二是可供近海渔船使用，辐射范围比第一类稍大的地方性渔港；三是国家大渔港，全国范围内的渔船都可使用；四是渔港，由于在地理坐标上与其他渔港有明显差异，所以单独划为一类，它们位于海岛边缘，靠近养殖场，主要为来往于养殖场的船只服务。日本地形山多，渔村条件差，因而通过采取修建公路、整治环境、兴建旅游设施等措施改善其开发条件，把小渔村建成了宜居宜乐的滨海渔港小镇。由此，日本通过"点轴带面"互动式发展的模式，再加上规范的管理法制法规的实行，实现了渔业高速发展的目标。

（2）案例二。

广东省东临太平洋，西连印度洋，位处日韩—东南亚—大洋洲这一亚太经济走廊的中心位置，全省大陆海岸线总长 4 114 千米，岛屿海岸线总长 2 126 千米，境内有珠江、韩江和榕江等众多水系，江海相连，沟通港澳地区，通达世界，具备较为优越的港航自然资源和特有的区位优势。截至 2016 年年底，广东省港口共有生产性泊位 2 811 个，其中万吨级以上泊位 304 个，约占全国的 1/8，数量居全国第二。目前广东沿海已基本形成以广州、深圳、珠海、湛江、汕头港口为主，潮州、揭阳、汕尾、惠州、东莞、中山、江门、阳江、茂名九个地区性重要港口为补充的分层次发展格局。广东是我国对外贸易大省和海运大省，进出口贸易总额占全国的 29.4%，拥有 5 个亿吨大港，尤其是珠江口湾区，集结了广州、深圳、珠海、中山、东莞等众多大型和中小港口，年货物吞吐量超过 10 亿吨；连同香港在内，珠江口湾区的集装箱吞吐量超过 7 000 万标准箱，是全球港口最密集、航运最繁忙的区域之一。2016 年广东港口完成货物吞吐量 17.99 亿吨，居全国第二，集装箱吞吐量完成 5 728.03 万标准箱，居全国第一，其中珠三角九市港、广州港、深圳港的集装箱吞吐量都位居世界前十位，粤东、粤西港口群以大宗散货、临港产业为主，货物吞吐量约占全省的 6%和 14%，发展潜力巨大。广东沿海港口开通国际集装班轮航线 291 条，通达全球 100 多个国家和地区的 200 多个港口。下一步，在粤港澳大湾区的建设中，广东将加大对基础设施、城市建设及交通网络的投入，如整合优化粤港澳大湾区内公路、水路、民航、铁路等基础设施资源，打造重要枢纽港口与铁路连接的多式联运中心，以及向海上和陆上辐射的物流通道建设，将粤港澳大湾区打造成为港口与航运中心、机场与航空中心、铁路与多式联运中心、物流与供应链管理中心、要素交易与物流创新金融中心（"五中心"）等。

5. 空间"点轴带面"互动式发展模式的选择

（1）重点开发轴的选择。

由于需要长期培育和发展，一个区域内的经济发展轴线，尤其是高层次的重点发展轴线不应该也不可能很多。当原有的发展轴线还未完全形成、发展时，除非是选择错误，一般不宜再开辟新的轴线。而随着区域经济实力的增强，发展轴线也可升级，可出现更多的次级发展轴线。

重点开发轴的选择，通常从如下几个方面进行考虑：

① 最好由经济核心区域和发达的城市工业带组成。区域发展轴不是一般的交通线，而是经济发展轴线。它是产业、城镇、运输和通信等线状基础设施集中成束的地带或走廊。因此经济发展轴首先是城市发展轴。发展轴上的城市应有较强的经济吸引力和凝聚力，是经济活动、产业、人口等优先集聚地带和发达地带。如果重点发展轴能由经济核心区域、工业带或经济发展潜力巨大的城市带组成，是最为理想的。

② 以水陆交通运输干线为依托。交通运输干线及相应的综合运输通道是城市、发展中心、增长极、经济发达区域的联结线路，它们的发展壮大，对于促进区域发展具有重大意义。因此，许多国家和地区的经济发展轴都是由港口比较密集的沿海地带或主要通航河流的沿河地带构成，这与国际贸易对大规模的水上运输有

高度的依赖性有关。一般单功能的铁路干线，如以晋煤外运为主的大秦铁路，则较难成为重要的发展轴。

③ 选择自然条件优越、建设用地条件好、农业生产发展水平较高的地带。区域经济发展轴是工业和大规模城市建设优先发展或着力发展的地带，良好的工程地质、水文地质条件有重要的意义。

④ 选择矿产资源和水资源丰富的地带，特别是水资源丰富，或者是水源可供给性良好的地带。水资源缺乏的地区，工业与农业、生产与居民生活在水的供需上的矛盾，常常成为经济发展的重大制约因素。但矿产资源和水、土资源都能很好组合的地带并不多。如我国的山西省、四川省、西藏自治区等都没有很好的资源组合。

（2）重点发展城镇的选择。

发展轴上的各个"点"是经济发展轴带地域的各级中心城镇，它们是轴线集聚作用和扩散作用的核心，也拥有层级等次。重点发展城市的确定，通常从下述几个方面进行考虑：

① 城镇发展的条件及其在区域中的地位。根据各个城镇的位置、发展条件，分析其在区域城镇体系中的主要职能、发展方向及其在区内外的地位和作用，明确各中心城镇的吸引范围和辐射范围。

② 城镇的发展规模。从区域城镇化发展水平、历史进程、未来发展速度和规模等级分布状况等方面，分析各城镇经济发展和社会发展趋势，明确发展轴上各中心城镇的发展规模。在经济比较发达的地区，往往选择规模较大的城市作为发展的重点，这样的城市吸引范围广，辐射力强，一般采取网络开发模式。而在经济比较落后的发展中地区，需要培育新的增长极，往往会选择一些规模相对较小的城镇作为发展的重点，通过它们的开发，带动后进地方的发展。

③ 城镇空间分布的现状。点-轴开发模式的实施，是从高级轴

线向次级轴线及从高等级城市向次级城镇逐步展开的过程，因此确定重点发展城镇时，应根据城镇空间分布的现状，在与中心城市相适宜的距离上，选择有较好发展条件的点作为重点发展的城市，使其成为次级发展中心。高等级的中心城市将对次级中心城市形成扩散和经济协作作用。同理，围绕次级中心，选择三级乃至四级中心城市。由此可见，与中心城市相适宜的距离是选择重点发展城镇的依据之一。

## 三、产业集聚集约式发展模式

### 1. 含义分析

产业集聚理论下，产业集聚的过程是报酬递增空间表现的一种划分形式。集聚的发展动力是专业化生产带来的效用递增的结果，将促进集聚分工的进一步深化，从而促进分工的演变。从产业集聚理论的角度分析，渔港经济区是由大量从事海洋产业的企业与经济组织在渔港地区集聚而形成的一种区域性生产组织形式。产业集聚的过程是指区域内企业自然地集聚可以增强专业化和劳动分工，增加企业信任和社会规范程度，从而有效降低谈判成本、执行成本和技术服务成本。同时，产业群内部企业能够在培训、技术开发、产品设计、市场营销、金融服务等多方面实现网络化互动和合作，并形成共同体组织体系。渔港经济区作为这样一种组织体系，一般是从一种产品或单一市场起步，随着规模扩大衍生出相关产业和市场，产业开始在区域内集聚。各企业通过专业化分工和专业市场相互联结起来，形成一种长期稳定的关系，从而形成产业集聚优势。

### 2. 产业集聚集约式发展模式的内涵

中国大多数产业集聚仍依靠低成本来获取竞争优势，这种低成本一方面是通过集聚本身的规模经济、范围经济及外部经济获得，另一方面是通过廉价的劳动力、便宜的土地供给、宽松的税收政策及较低的环境保护成本等因素形成。但是依靠消耗廉价要素和环境谋求经济发展并不是长远之策，还需要结合集约式发展模式谋求长远发展动力。

产业集聚集约式发展模式中，集约化是指在结构上改变传统的粗放型用海方式，提高单位海岸线和用海面积的投资强度。产业集聚过程中，提倡集中集约用海方式，就是要实现占用最少海岸线和海域来实现最大经济效益的目标，体现了用海方式的根本转变和海洋生产力布局的重大调整。

通俗地说，集约化就是通过技术进步和改善管理，提高生产要素的质量和效益来实现经济增长，它要求在人力资源利用上不断提高劳动生产率，不断提高科学技术在经济增长中的作用；在物质资源利用上不断降低物耗水平，不断降低产品成本；在财力资源利用上不断提高投资收益率和资金使用效果。在生产要素组合方式上，与粗放式模式相比，集约化发展的主要特点是要素组合的集结、协调和优化。粗放式组合是"外延扩张"，集约化组合则是以提高效率和效益为要求的"内涵增长"。

党的十六届五中全会《中共中央关于制定国民经济和社会发展第十一个五年规划的建议》指出："发展必须是科学发展，要坚持以人为本，转变发展观念、创新发展模式、提高发展质量，落实'五个统筹'，把经济社会发展切实转入全面协调可持续发展的轨道。"这段论述的精神实质，也就是对集约发展广义上的深刻概括。集约发展就是科学发展，是区域发展模式转变的核心和关键。实现集约发展的基本途径就是要加快推进产业集聚、人口集中、配置优化和资源节约。

3. 产业集聚集约式发展模式的思路流程

产业发展是海洋资源开发的出发点和落脚点，是集中体现海洋资源开发效率和水平的关键环节。根据各地市不同的海洋资源禀赋特点、产业培育的现状，采用产业集聚集约式发展模式，可以从以下几个方面去考虑：

一是在单个产业发展上，探索循环链式发展模式，着力构建原料供应链、产品加工链、能量梯级利用链、水循环利用链和废弃物回收再利用链；二是在关联产业发展上，探索联动发展模式，围绕最大限度利用主导资源和伴生资源，实行主导产业与关联产业一体化统筹规划和建设，推进相关产业项目建设和扩能改造，科学匹配项目产能规模和发展速度；三是在产业空间配置上，探索组群发展模式，着力推动各类临港产业向园区集聚，培育产业集群，打造产业增长极。

4. 经典案例

（1）案例一。

山东半岛是全国最大的半岛，大陆海岸线长达 3 345 千米，约占全国的 1/6。作为海洋大省，山东在发展蓝色经济中有着独特优势和良好条件。2011 年 1 月 4 日，国务院批复了《山东半岛蓝色经济区发展规划》，这是我国第一个以海洋经济为主题的区域发展战略，标志着蓝色经济区也上升为国家战略。《山东半岛蓝色经济区发展规划》明确要求突出海洋经济发展主题，促进海洋特色产业集聚发展，建设好特色海洋经济园，规划建设一批特色海洋产业基地。2013 年 4 月，山东半岛蓝色经济区评审认定了第一批 18 家海洋特色产业园，加大建设培育力度，实现产业、科技、基础设施、公共服务、政策措施等有效聚集，对带动海洋产业集群发展和转型升级起到了重要示范作用。山东半岛蓝色经济区，规划主体区范围包括山东全部海域和青岛、烟台、威海、潍坊、淄博、东营、日照七市及滨州的无棣、沾化 2 个沿海县所属陆域，海域面积达 15.95 万平方千米，陆域面积达 6.4 万平方千米。山东半岛蓝色经济区"包括 9 大集中集约用海核心区"，分为主体区和核心区，其中主体区为沿海 36 个县市区的陆域及毗邻海域。9 个集中集约用海区分别是：丁字湾海上新城、潍坊海上新城、海州

湾重化工业集聚区、前岛机械制造业集聚区、龙口湾海洋装备制
造业集聚区、滨州海洋化工业集聚区、董家口海洋高新科技产业
集聚区、莱州海洋新能源产业集聚区、东营石油产业集聚区。每个
集中集约用海区都是一个海洋或临海具体特色产业集聚区，并规定
采用"五色岸段"划分法，即用赤、橙、黄、绿、蓝五色，分别表
示禁止开发、限制开发、优化开发、重点开发和渔业开发岸段。

（2）案例二。

浙江省宁波—舟山港海洋产业集群集约式发展模式有以下特
点：一是重点发展六大临港产业石化产业，以炼油和乙烯为重点，
发展大型企业，突出特色，提升层次，建成"绿色石化基地"，形
成规模较大的石化产业群，建立杭州湾南岸石化工业基地，开发
能源产业；发展造纸产业，形成具有活力的"朝阳工业"，宁波市
造纸工业有着"沿江、沿海、沿线、沿沪"的有利条件，可实现
跨越式的发展；发展钢铁产业，推进"大港口"战略，提高区域
经济实力；发展大船修造产业，加快建设宁波修造船基地；发展
海洋装备业，提升海洋工程装备工业技术集成化和设备成套化水
平。二是合理优化空间布局，以形成产业集聚效应。根据海洋资
源自身的特点，合理规划海域、海岸带、内陆腹地的开发建设，
着力构建"一核、三带、十区、十岛、多点"的空间总体布局框
架。"一核"即宁波—舟山港宁波港区及其依托的腹地；"三带"
即杭州湾象山港和三门湾及其附近区域；"十区"即宁波杭州湾产
业集聚区、余姚滨海产业集聚区、慈东产业集聚区、宁波石化产
业集聚区、北仑临港产业集聚区、梅山物流产业集聚区、象山港
海洋产业集聚区、大目湾海洋产业集聚区、环石浦港产业集聚区
和宁海三门湾产业集聚区。

5. 产业集聚集约式发展模式的选择

目前，我国海洋产业的聚集度不高，需要推动海洋产业的竞
争格局向市场化方向发展，积极营造平等有序的竞争氛围，吸引

更多中外资海洋企业的进入，提升产业聚集度。各地区应充分利用区位优势、资源优势、政策优势、生态优势，不断加大海洋产业的发展力度；以发展海洋优势产业集群为重点，强化园区、基地和企业载体功能，建设具有较强竞争力的现代海洋产业集聚区；深化改革，优化海洋经济结构，推动海陆联动发展，加快形成海洋产业集聚与区域经济协调联动新格局。

（1）统筹发展区划规划是根本。

产业集聚集约式发展首先得立足于科学的区划规划。合理的区划规划在集中集约用海中具有统筹协调作用，在集中集约用海前做好相关区划规划，可以促进近海有序利用与深海资源有效开发，有利于规范各类海洋开发利用活动，并根据区域海洋资源产业的特点，规划产业集聚过程。

（2）优化布局科学选址是关键。

用海区域选址是否具有科学性，是地方经济、社会、生态环境能否良好发展的基础。第一，应该坚持生态优先。充分考虑海洋地质、生物、水动力等自然条件，最大限度地减少对海洋自然生态环境的负面影响。第二，坚持海陆统筹。实施集中集约用海并非孤立地用海，而是要统一规划陆海，做到与土地规划、城市规划、产业规划等的有机衔接融合。第三，坚持区域统筹。打破行政区域界限，科学配置海域资源，鼓励生产要素优化配置和跨区域合理流动，推进区域经济一体化。第四，坚持布局集中和特色产业集聚相结合，因地制宜打造产业集聚区，形成临港产业聚集区、滨海新区、海洋文化旅游产业聚集区等特色的海洋产业园区。第五，坚持适度有序。区域建设用海不是片区越多越好，也不是规模越大越好，科学适度才是关键。

（3）集聚优势政策引导是前提。

对纳入集中集约用海区的建设项目，优先安排建设用海指标，优先安排国家和省重点项目，享受海域使用金减免等政策，支持海洋经济产业链和产业聚集区形成，促进海洋产业的合理布局。在审批用海项目时，除涉及民生及海洋环保型项目用海外，严格限制单宗分散用海项目报批，并注意加强对大项目用海的审查，严禁不符合产业政策和用海管理要求的项目在海上布局。

（4）创新发展规范管理是保障。

实行"调控产业结构、严格项目准入、加强监督管理"的管理措施和"项目审批管理、用海指标倾斜、主导产业优惠"的服务手段，对入驻项目实施投资强度控制和园区产业引导，提升优势海洋主导产业。

# 四、多层次全方位高新科技引领发展模式

"科技强国"是中国的强国战略，科技事业为我国经济发展做出了重大贡献。而在当人类的目光从陆地转移到海洋，并希望通过海洋资源、能源创造更多价值的大时代背景下，农业部提出以"科技兴海"的战略方针，全面推行技术改革、技术创新，以先进生产力促进产业发展，以科技力量振兴海洋与渔业经济。国家海洋局2016年12月13日对外公布《全国科技兴海规划（2016—2020年）》，计划到2020年，形成有利于创新驱动发展的科技兴海长效机制，海洋科技成果转化率超过 55%，海洋科技进步对海洋经济增长贡献率超过 60%，发明专利拥有量年均增速达到 20%，海洋高端装备自给率达到 50%。政府的"科技兴海"战略方针展现了海洋与渔业领域的雄心，即要以全新的姿态进入 21 世纪——海洋世纪。

## 1. 含义分析

多层次全方位高新科技引领的发展模式，是在科技兴海战略下，利用高新技术开发战略性海洋新兴产业的过程，是提高海洋利用率、增强海洋经济实力、促进产业结构升级的重要力量。海洋科技是海洋资源高效开发的核心支撑。多层次全方位是指海洋科技运用的范围广、涉及面宽，从海洋传统产业的升级到海洋战

略性新兴产业的开发都用高新科技进行全面武装，包括渔港、园区、城市、旅游功能区的建设，交通枢纽的构建与疏通，以及科技支撑载体的合作和构建，如高校科研团队、研究院、高新技术开发中心等。

多层次全方位高新科技引领发展模式意在利用科技力量对海洋资源进行全方位的开放，加大对海洋资源产业的集聚、空间布局、技术升级，从而提高生产效率，增强海洋利用率，提升海洋经济质量，为我国实现海洋强国目标提供核心支撑，是引领未来海洋产业发展的主要发展模式。

## 2. 理论内涵

多层次全方位高新科技引领的发展模式，涉及战略性海洋新兴产业的内涵，关系国民经济社会发展和海洋产业结构的优化升级。高科技海洋新兴产业在海洋经济发展中处于产业链条上游，附加值高、经济贡献大、耗能低、知识密集、技术密集、资金密集，在海洋经济发展中处于核心地位。引领海洋经济快速发展的产业，主要包括以下六种：海水综合利用产业、海洋可再生能源产业、海洋装备制造业、海洋生物医药产业、深海矿产资源勘探开发产业、海洋现代服务业。

## 3. 多层次全方位高新科技引领发展模式的思路流程

多层次全方位高新科技引领发展模式重点立足于海洋资源新兴战略产业中高新科技的开发与使用，其主要路径是高新科技力量培育。地方政府可从以下几个方面实践多方位多层次的"科技兴海"战略：

（1）围绕海洋战略性新兴产业，对海洋生物医药、海水淡化与综合利用、海洋可再生能源、海洋装备以及深海产业进行关键技术的研发，而对已具备产业化条件或进入应用导入期的产业技术，以产业化、商业化推动其技术创新和升级，不断提高海洋科技的原始创新、集成创新、引进消化吸收再创新的能力；对渔业、船舶修造业、海洋油气业、海水综合利用、海洋化工、海洋制药、海洋环保和海洋产品加工八大类产业，开展科技攻关，提高海洋产业科技含量，促进产业优化升级。

（2）推动产学研结合，融合科技与经济，加快海洋科技成果转化。大力组织开展海洋科技与经济的对接活动，推动产学研活动相结合，加强海洋科技开发企业与省内外科教单位的联系与合作，加快海洋科技成果的转化。

（3）科学合理布局海洋经济区域，创建创新型科技兴海产业示范基地。在立足各省市海洋资源条件下，合理科学开展海洋经济区域布局，并重点建设规划一定数量的科技兴海示范基地，并有效培育一批海洋高新科技企业，使之成为技术创新的主体；建立健全完善的技术创新和创新机制，提高海洋高科技转化率，使基地真正成为海洋科技成果转化的集中地。

（4）重视海洋教育事业的发展，提高区域海洋科技质量。如：增强与地区各综合大学涉海院系的合作与建设，大力培养、引进海洋科技人才、经营管理人才和高素质的海洋产业人才，建立海洋研发中心，建立海洋风险预警系统等。

4. 经典案例

（1）案例一。

2007 年，英国自然环境研究委员会（NERC）批准了 7 家海洋研究机构的联合申请，启动了名为"2025 年海洋"（Ocean 2025）的战略性海洋科学计划。NERC 将在未来 5 年（2007—2012 年）向该项计划提供大约 1.2 亿英镑的科研经费。2025 年海洋科学计划中的"战略性海洋基金提案"将允许英国各大学及其合作伙伴申请经费。"2025 年海洋"重点支持的 10 大研究领域是：① 气候、海水流动、海平面研究；② 海洋生物化学循环；③ 大陆架及海岸演化；④ 生物多样性、生态系统；⑤ 大陆边缘及深海研究；⑥ 可持续的海洋资源利用；⑦ 健康与人类活动的影响；⑧ 技术开发；

⑨ 下一代海洋预测；⑩ 海洋环境中的综合持久观察。"2025 年海洋"还将支持 3 个英国国家研究机构：① 英国海洋数据中心（British Oceanographic Data Centre）；② 平均海平面永久服务中心（Permanent Service for Mean Sea Level）；③ 海藻与原生动物样品收集中心（Culture Collection for Algae and Protozoa）。

（2）案例二。

上海临港海洋高新技术产业化基地是我国首个科技兴海产业示范基地，于 2011 年 12 月 15 日由国家海洋局正式批复同意成立。该基地以海洋资源开发与利用技术、海洋工程设备研发技术、海洋综合信息服务为产业主导，充分依托地处临港新城、洋山国际航运中心和重装备产业区的发展优势，以重大功能性、配套性和基础性项目建设为着力点，围绕海洋高端设备、海洋生物、海水综合利用等产业，集聚了一批具有国内领先技术优势的海洋科技产业，相关产业链进一步完善，打造出了海洋工程装备、船舶关键设备、深海和水下机器人等多个重点海洋科技创新产业集聚群。

**5. 多层次全方位高新科技引领海洋经济发展的策略**

采用高新科技引领海洋经济的发展模式，是对目前时代快速发展的顺势而为，也是增强海洋利用率、提高海洋经济质量的必经之路。在立足于海洋经济港区发展布局时，应通过多层次、全方位的构建方式，利用高新科技引领海洋经济发展：

（1）利用科技加快海洋经济增长方式转变，探索产学研一体化海洋科技发展新模式。加大力度整合涉海科技资源，组建地区海洋经济研究院，可联合国家级涉海科研机构、知名海洋院校、沿海地区政府，培育一批高效益、高技术含量、高附加值产业，培植经济效益显着、带动能力强的高新科技龙头企业等，组建"海洋科技产学研创新联盟"体系，打造海洋科技高端平台打造。

（2）依靠科技加快海洋产业结构调整、优化和升级，加快培育一批对海洋经济具有重大带动作用的战略性海洋新兴产业，尽快形成规模优势和竞争优势。战略性海洋新兴产业是海洋经济的新增长极，只有拓展海洋新兴产业结构层次，提高产业素质水平，才能真正实现海洋产业结构的优化升级。必须坚持海洋产业规模扩张与优化结构相结合、改造提升传统海洋产业与发展新兴海洋产业相结合、重点培育海洋主导产业与推进海洋综合开发相结合、加快海洋经济发展与提高海洋经济效益相结合的原则，以加快海洋产业结构的优化升级。如加快发展海洋生物制药业，开展海水淡化和海水直接利用产业示范工程，大力培育海洋环保、海洋新能源战略产业。统筹海洋新兴制造业与新兴服务业联动发展，主动承接国际海洋新兴制造业转移，力争在海洋工程装备等高附加值制造方面率先取得突破，同时进一步突出港航服务、海洋技术服务等新兴服务业的战略地位，加快抢占战略制高点。

（3）依靠科技统筹海洋经济发展与生态环境保护的关系。近年来，我国经济快速增长，海洋开发无序、无度、无偿现象严重，海洋环境承受了越来越大的压力，海洋环境质量总体呈现下降趋势。我国近岸海域环境恶化，生态系统结构失衡和功能退化，典型生态系统受损严重，生物多样性和珍稀濒危物种减少，经济生物数量锐减，海产品质量下降，赤潮等海洋生态灾害频发。海洋生态环境的恶化已成为海洋经济发展的制约因素。在海洋经济发展过程中，必须大力发展绿色农业和清洁生产技术，加大依靠科技节能减排的力度，提高资源利用率，减少经济活动对环境的不利影响，统筹好经济发展与生态环境保护之间的关系。

（4）依托科技实现区域海洋经济的合理布局。按照统筹规划、协调发展的要求，我国海洋经济发展必须进行整体规划和布局，坚持经济效益、社会效益和环境效益相统一，根据功能区划、资源再生能力和环境承载能力，合理确定开发内容和开发力度，严格实施保护治理措施，加强资源勘探步伐，增加后备资源，确保海洋经济健康、协调、快速发展。临港工业的产业选择和建设布点，要充分考虑当地环境容量，注重海岸线、土地、水等资源的节约利用，切实加强污染控制和生态环境保护的发展目标。发展区域海洋经济，应按照国家关于海洋主体功能区的划分，从区域发展的总体战略布局出发，根据资源环境的承载能力和发展潜力，实行优化开发、重点开发、限制开发和禁止开发等有区别的区域产业布局。实现区域的合理布局、资源的节约利用和环境的有效保护，必须依靠科学方法，使用科技手段，进行科学论证。

# 五、资源管理一体化市场化改革发展模式

## 1. 含义特征

资源管理的本意是指一般组织中对资源管理的过程，如人力资源管理、基础设施管理、工作环境管理、财务资源管理、供方和合作伙伴管理、知识信息与技术资源的管理。在海洋经济中，资源管理是指对海陆资源的管理，即对海洋资源和陆域资源的管理。资源管理一体化市场化改革发展模式，是在政府导向下，通过相关法律法规有效将海洋资源和陆域资源关联在一起，通过资源管理的方式手段，实现海洋产业和陆域产业一体化发展的过程，并借助市场运行机制，推行市场化改革发展，以形成具有制度保障、活力推动，又符合市场运作的有机发展模式。

## 2. 具体内涵

（1）资源管理一体化的内涵。

有专家认为，所谓海陆资源与产业一体化，是将海洋的区位优势和资源优势最大化。开发海洋经济不应当停留在资源的层面上，而是要力争形成多种生产要素在陆地与海洋之间的共享，使陆地产业的资金和技术可以应用到海洋经济中的岛屿和海岸带的开发，实现海洋资源的深加工，以临海工业为纽带将海洋的资源优势向陆地产业渗透，从而实现陆域资源与海域资源的优势互补，共同促进沿海地区的发展。

也有专家认为，海陆资源与产业一体化是在国家战略层面上实现海洋和陆地的统筹发展，也是充分发挥海洋优势推动国家和地区经济发展的重要手段。广义上，合理统筹安排海洋与陆地经济的关系，推动沿海地区社会与经济的协调可持续发展，海洋资源与产业一体化是协调海陆经济发展、树立海洋意识、加深海陆文化交流、实现海洋陆地统筹发展的综合战略。狭义上，统筹安排海陆经济关系是指按照海洋经济与陆地经济的关系，在可持续发展的指导下用系统的观点统筹海陆经济的共同发展，以综合规划、共同开发的手段，将海洋经济和陆地经济打造成一个有机的统一体，实现海洋资源与陆地资源的最优化配置。海陆一体化是整合海陆资源、合理布局海陆产业、加强海陆经济联系的一种有效模式。

（2）市场化改革的内涵。

市场化是指在开放的市场中，以市场需求为导向，以竞争的优胜劣汰为手段，实现资源充分合理配置与效率最大化目标的机制。市场化是用市场作为解决社会、政治和经济等问题的基础手段的一种状态，意味着将出现政府对经济的放松管制以及工业产权私有化。市场化是以建立市场型管理体制为重点，以市场经济的全面推进为标志，以社会经济生活全部转入市场轨道为基本特征。把特定对象按照市场原理进行组织，通过市场化，实现资源和要素优化配置，能够提高社会效率，推动社会进步。

在这个概念内涵下，政府要实质改变管理手段，在海陆资源和产业一体化过程中，提出具体的管理法制法规，进行科学执法，同时将产业推向市场，而不是简单地控制，从而保障海陆资源实现产业一体化的市场化改革。

3. 资源管理一体化的市场化改革发展模式的思路流程

资源管理一体化的市场化改革发展模式主要立足于海域资源和陆域资源的综合管理，致力于实现陆域资源与海域资源优势互补，使海洋资源优势向陆地延伸，成为有机的统一体。同时，强调政府和市场功能的科学分工。政府通过制定具体管理法制法规，依照市场特点，将海陆资源一体化产业推向市场，逐渐实现资源和要素的优化配置，最终实现海陆资源统筹发展的目标。

4. 具体案例

（1）案例一。

美国政府通过完善的管理体制来规范渔港经济区的管理，从中央到地方都有一套十分完善且严谨的管理体系。美国联邦政府负责全国性质的管理、研究和规划；海洋休闲渔业和淡水游钓分别由国家海洋渔业局和内政部鱼类与野生生物局分管；各州管辖水域内的休闲渔业由本州岛机构管理。1966 年，总统约翰逊签署了《海洋资源和工程开发法令》，而 1972 年出台的《海岸带管理法》标志着美国海洋政策的诞生，其目的是使美国海岸带地区达到"水土资源的广泛利用，并充分考虑生态、文化、历史、美学价值和经济发展的需要"。这标志着海陆资源与产业一体化思想第一次得到重视。之后，美国相继颁布了《海洋保护、研究和自然保护区法》《深水港法》《渔业养护和管理法》等，加深了对海洋经济开发的法律保障。2004 年，美国公布了《美国海洋行动计划》，落实了相关海洋经济的具体政策，为 21 世纪美国海洋资源开发与经济发展提供了保障措施。

（2）案例二。

加拿大在全方位的海洋资源管理一体化上做得较为全面和精准。其海洋事务管理有具体行业权限，按照不同的业务范围分散在各个有关的联邦政府部门中，所涉及的联邦部门和机构多达 27 个，主要包括渔业和海洋部、环境部、自然资源部、加拿大国防和武装力量部等，其中加拿大的渔业和海洋部是全国海洋和渔业事务的主管部门，负责全国海洋和水路交通安全、渔业资源和生产管理，以及海洋生态环境的保护。其具体职能是负责制定支持加拿大海洋和内陆水域经济、生态和科学系统的政策和规划；负责海上和内陆水中鱼类资源的保护和可持续利用；指导和促进联邦的海洋政策和计划；为加拿大的全球经济提供服务。该部门还通过海岸警卫队（CCG）负责海上安全和航道畅通，参与提供海上导航服务，职责分明、管理有序，对加拿大资源管理实现一体化的市场化过程有重要的推动和保障作用。

（3）案例三。

上海临港海洋高新技术产业化基地的发展模式是我国资源管理一体化市场化的典型，被称为市场运营的"临港模式"。上海临港海洋高新技术产业化基地由上海临港海洋高新技术产业发展有限公司负责管理，基地建设、开发运营、招商服务、金融投资、产业推进等活动实现市场化，设立开发运营部、招商服务部、金融投资部、海洋产业部和综合管理部，形成公司制管理模式，减少行政性指标要求和行政干预，有效提高管理效率。同时，进一步加快园区开发建设和招商引资工作，为集聚海洋产业提供政策性保障，如财税、担保、补贴、专项等支持。

5. 资源管理一体化的市场化改革发展模式的使用策略

（1）突出特色，形成独具一格的发展模式。

在建立和发展过程中要以当地特色资源和人文环境为依据，如上海的高新技术研发平台资源、厦门的海峡两岸合作资源、大丰的沿海滩涂自然资源和诏安的文化产业资源等，形成独具一格的特色发展模式。充分发掘资源优势，因地制宜地发展集群经济、区域经济、品牌经济、创新经济和文化经济，拓展蓝色经济空间。

（2）定位清晰，政府服务和市场运营相辅相成。

充分发挥政、产、学、研的定位功能，尤其是政府的引导和服务功能。一方面，通过搭建平台和优化环境为企业发展提供政策、资金、人才和服务保障，同时通过集中事权和简化手续降低企业管理成本；另一方面，适应产业发展和市场规律，发展市场化独立运营和管理模式，实现港区公共资源的合理、高效、公平配置，做到政府职能"到位不越、引导不干扰"。

（3）凝聚产业，以品牌提升产业链核心价值加强产业方向凝聚。

积极延伸产业链，注重产业链上下游协同作用建设，加大科技创新投入，增强集成创新能力，完成技术熟化与等级提升，加大成果转化和产业化。同时，打造知名品牌，培育优势海洋高技术产业和特色区域产业，形成龙头集聚效应，提升产业链核心价值。

（4）形成示范，创新支持方式和管理模式。

充分利用特色产业优势，促进产、学、研紧密合作，在推进海洋科技成果转化和产业化以及培育海洋战略性新兴产业发展方面先行先试，对海洋高新技术产业发展起到支撑、示范和带动作用。同时，探索金融支持和平台建设的新方式，如 PPP 模式，引导社会和民间资本积极参与基地建设和运营。

# 第三节　海洋资源产业化发展模式选择原则

渔港经济区发展模式的选择受多种因素影响。其中，资源组合式发展模式必须要以丰富的海洋资源、良好的资源组合等优势为基础；空间"点轴带面"互动式发展模式则需将发展点建设在知名度较高、经济条件较好、交通通达的关键城市上，再推进轴带发展，最后实现面的铺开；产业集聚集约式发展模式需要明确重点产业，并立足于集约发展的理念，实现产业集聚的经济和环境成效；多层次全方位的高新科技引领发展模式则需立足于高新科学技术，用科技手段开拓海洋产业；资源管理一体化的市场化改革发展模式则侧重于海陆资源和产业一体化的实现，强调政府和市场功能的分工和侧重。海洋资源产业发展模式多种多样，各地区的发展条件和政策环境也不尽相同。因此，不同地区的发展应在借鉴成功案例发展经验的基础上，根据自身条件选择合适的发展模式和路径。根据各地发展经验，在发展模式选择问题上应遵循以下原则：

（1）资源禀赋和产业优势原则。

充分利用当地的资源禀赋和产业优势是建设海洋经济、形成独特竞争优势的必要条件，是最基本的原则。如在渔业资源丰富的地区发展远洋捕采业和养殖业；在加工制造业发达的地区发展水产品加工业，充分发挥传统产业的优势；在水产品集散地建设专业水产品贸易市场，并以之为主导带动港区内经济发展，如在历史文化深厚、自然风景秀丽且第一、二产业发展优势不明显的港区，在发展休闲渔业上下功夫，打造黄金海岸。总之，全面考察当地资源状况及经济实际情况是做出选择的第一步，如何扬长避短、形成竞争优势是选择发展模式的关键。

（2）统筹规划原则。

海洋资源产业发展模式的选择直接关系到主导产业的确定，因此必须考虑主导产业与其他产业的协调发展问题和对其他产业的辐射及带动作用，用统筹规划原则规划海洋经济发展路径。以统筹规划为原则来选择海洋资源产业发展模式，就是从全面发展海洋经济、增强当地经济实力的角度出发，综合考虑各方面因素，在滨海地区建设和发展过程中，统筹制定海洋经济区发展规划，使确定的主导产业能够在自身优先发展的同时，充分发挥横向、纵向关联效应，带动其他产业发展，拓展地区产业基础，促进多种产业良性竞争，并获得良好的经济社会效益。

（3）科学指标测算原则。

在海洋资源产业发展模式选择的过程中涉及许许多多的因素和内容，只凭借主观分析并不足，还必须运用科学的测算方法对所选择的模式进行测算和论证。例如，可利用区位商指标根据渔港经济区内部产业发展现状和未来发展目标计算出该区域内不同产业的专业化程度；还可以参照资源组合丰度指数、相对投资效果系数、产业 GDP 增长率弹性系数、区域某产业就业增长率弹性系数等测算指标确定渔港经济区发展的现有优势，进而选择合适的发展模式。

（4）市场导向和政府把控原则。

选择有发展潜力的市场是持久发展、拥有旺盛生命力和强大竞争力的必要前提。从横向来看，不同地区应因地制宜地选择对自己有利的市场进行重点开发。从纵向来看，同一地区发展模式和主导产业并不一定是一成不变的，而是动态发展的。随着外界环境和内部发展矛盾的变化，要不断调整地区海洋经济发展的模式和方向。政府对市场的敏感度和把握度与市场的自身因素同等重要，在海洋经济发展过程中都有很重要的作用。

# 第五章　国内外海洋资源产业化发展
## 经典案例及启示

## 第一节　国外经典案例

随着人们对海洋资源认识的逐步加深，世界各国政府及国内外学者都意识到了海洋资源发展对一个国家的重要性。20世纪60年代以来，世界范围内对海洋资源开发的热潮逐渐涌动。特别是在进入21世纪后，世界范围内的海洋资源竞争逐渐进入白热化阶段，主要海洋国家纷纷制定海洋资源发展战略来指导本国海洋资源的发展。如美国、加拿大、英国、法国、日本、韩国、澳大利亚、俄罗斯、挪威等国家均根据本国国情制定出新的海洋发展战略，以促进本国海洋资源的有序开发和发展，实现海洋资源的可持续发展。

### 一、美国：完善的海洋资源政策

位于北美洲中部的美国，西临太平洋，东接大西洋，未与本土相连的阿拉斯加州和夏威夷州分别位于北美洲西北部和中太平洋北部，海岸线总长为 22 680 千米，居北美地区首位。美国的国土总面积约 983.20 万平方千米，海岸线与国土面积之比为 230.6 米/平方千米，人均海洋面积约 0.74 平方千米/万人。由于其得天独厚的海洋地理位置，美国不仅是全球陆域经济最发达的地区之一，其海洋资源的发展水平也位居于世界前列。

美国一直非常注重其海洋资源的发展，是最早制定国家海洋发展战略的国家之一。早在 20 世纪 60 年代，美国就正式提出了"海岸带"和"海洋和海岸综合管理"的概念，并为国际社会所采纳，写入了 21 世纪议程。探求海洋世界、合理开发利用海洋资源、有效保护海洋环境是美国制定海洋发展战略的根本原则。目前美国所制定的海洋政策和海洋管理法规体系是全球最为完善和最具科学性的国家之一。但美国海洋发展战略及相应海洋政策的制定过程并非是一帆风顺的，美国关于海洋发展战略以及相关海洋政策的完善经历了一个从开始到成熟的过程，大体可分为 3 个阶段。

1. 第一阶段，20 世纪中叶（海洋资源发展战略的形成阶段）

20 世纪中叶是美国海洋发展战略形成的基本阶段。在此阶段，美国政府针对海洋问题所做出的一系列举措，不仅对美国本身，也对整个世界海洋领域产生了极为深远的影响。

1945 年 9 月，美国总统杜鲁门发布了关于对邻接海岸公海下大陆架地底及海床的天然资源的管辖权和控制权的《大陆架公告》（又名《杜鲁门公告》）。此公告引发了之后几次联合国海洋法会议的召开，并对《大陆架公约》《联合国海洋法公约》内关于大陆架制度的制定起到一定的作用。

1969 年，麻省理工学院名誉院长、福特科学基金会会长斯特拉特顿所组织的总统海洋科学、工程和资源委员会发布了《美国与海洋》（又名《斯特拉特顿报告》）。该报告共提出 126 条建议，为美国制定海洋保护和开发计划提供了重要的依据，是美国现在所施行的海洋发展战略的起源。该报告在美国海洋资源发展过程中起到了里程碑的作用，为之后美国在世界海洋领域的领先地位提供了保障，并为世界许多海洋国家海洋发展战略的制定提供了有效指导。

1972 年，美国颁布了《海岸带管理法》，将其在 20 世纪 30 年代提出的海洋管理理论运用于实践，使海岸带综合管理正式成为国家海洋工作的重要内容。

2. 第二阶段：20 世纪下半叶（海洋发展战略的发展阶段）

经过 30 多年的发展，美国的海洋资源开发取得了巨大的成绩，但对海洋的无序开发也为美国海洋生态环境带来了种种负面影响，这是 20 世纪 60 年代所制定的海洋发展政策所不能解决的。因此，海洋生态环境的治理、海洋资源的持续利用与开发，以及海洋科技的进步逐渐为美国政府所重视，并逐渐作为重要部分被列入海洋发展战略中。

1986 年，美国提出了《全球海洋科学规划》，认为海洋是地球上最后开辟的疆域，必须得到有效的开发利用；1990 年，美国发布了《90 年代海洋科技发展报告》，强调要发展海洋科技来满足对海洋不断增长的需求，并保持其在国际海洋科技领域的领导地位；在"98 国际海洋年"之后，1998 年、2000 年美国分别召开了两次全国海洋工作会议，并于 2000 年的全国海洋工作会议上，通过了《2000 海洋法令》，成立了由美国总统布什亲自指定的 16 位专家组成的国家海洋政策委员会，对美国新的海洋战略进行了重新审议和制定；1999 年 9 月，美国正式提出了"21 世纪海洋战略"，确定了美国 21 世纪海洋战略的核心，为海洋战略的完善提供了原则性指导。

3. 第三阶段：21 世纪初（海洋发展战略的成熟阶段）

2000 年，美国海洋政策委员会成立后，该委员会于 2004 年 4 月 20 日发布了关于美国海洋政策的《美国海洋政策初步报告（草案）》，并于 2004 年 9 月 20 日正式向总统和国会提交了名为"21 世纪海洋蓝图"的国家海洋政策报告。该报告对美国 30 多年来的海洋政策进行了综合评价，在总结经验及教训的基础上，对执行了 30 多年的海洋政策和海洋战略进行了完善，并对未来美国海洋事业的发展进行了新的规划。

2004 年 12 月 17 日，美国总统布什公布了《美国海洋行动计划》。该计划围绕 6 个主题领域、88 个实施行动展开，主要针对美国《21 世纪海洋蓝图》，就远期和近期需开展的行动提出具体的政策措施，绘制了美国未来 10 年的海洋科学发展路线；2007年 1 月，美国海洋政策委员会发布了《美国海洋行动计划最新进展》，简要地描述了海洋行动计划每个行动的进展情况。报告认为，88 个行动中的 77 个行动目标已经达到，而 4 个大行动的目标也接近完成，尚未完成的 11 个行动中，有 1 个正在调整，另外 10 个处于按计划开展中。同时，新增加 1 个与海洋行动计划有关的行动。

此外，美国政府机构间海洋科学委员会在 2007 年 1 月 26 日发布了《绘制美国未来十年海洋科学发展路线——海洋科学研究优先领域和实施战略》报告，列举了 6 个主题共计 20 项优先研究内容和近期四大优先研究领域。2015 年 1 月美国国家海洋委员会制定了《海洋变化：2015—2025 海洋科学十年计划》，确定了海洋基础研究的关键领域，着眼于保护海洋及海岸生态系统，分析美国海洋开发面临的主要发展趋势，提出美国海洋发展的基本方略。

美国的《21 世纪海洋蓝图》和《美国海洋行动计划》是自 1969 年《美国与海洋》之后，对美国海洋资源发展影响最深的报告。它们改变了 20 世纪以来美国一直坚守的海洋发展政策，对海洋发展战略的完善起到了至关重要的作用，也对全世界海洋资源的发展产生着重大而深远的影响。

## 二、加拿大：绝对的海岸线优势

位于北美洲的加拿大，东临大西洋，西接太平洋，北靠北冰洋，三面环海，有着约 2 万千米的海岸线和世界第二大的大陆架。加拿大的国土总面积约 998.5 万平方千米，海岸线与国土面积比为 200.3 米/平方千米，人均海洋面积约 5.93 平方千米/万人，居世界第二位。加拿大延伸出来的一部分海岸线形成了世界上最大的群岛——加拿大北极群岛，其大部分的大城市均处于沿海地区，约 23%的人口生活在沿海地带。

自古以来，加拿大就是海上贸易大国，国际国内交易都以海上运输为主，并且其渔业、水产养殖业、海洋旅游业等海洋资源产业较为发达，其漫长的海岸线为加拿大人提供了丰富的海洋资源以及各种便利的生活条件。尽管加拿大政府自 20 世纪 70 年代就开始关注海洋的发展，但其海洋发展战略的制定却是从 20 世纪末开始的。

1997 年，加拿大政府通过《海洋法》的颁布和实施，授权加拿大渔业和海洋部负责组织并督促"加拿大海洋战略"的制定。据此，制订了《北冰洋波弗特海综合管理规范计划》《大西洋东斯科舍陆架综合管理计划》《太平洋不列颠哥伦比亚省中部海岸计划》3 个加拿大沿海地区的管理计划。

2002 年，《加拿大海洋战略》正式颁布实施，这是加拿大发展海洋资源，进行海洋管理工作的根本指南。其海洋管理工作要点可以概括为几个方面：坚持海洋综合管理中坚持生态系统的方法；重视现代科学知识和传统生态知识；坚持综合管理原则、可持续发展原则、预防为主原则；实现把现行的各种各样的海洋管理方法改为相互配合的综合管理方法；在扩大海洋部门相互协作精神的同时，加强其责任性和运营能力；为了保护海洋环境和实现可持续发展，最大限度地发挥海洋资源的潜能；确保在海洋管理上加拿大的世界领先地位；加强四种协调，即政府各部门之间的协调、各级政府间的协调、政府与产业界的协调以及政府、产业界和广大公众的协调。

2004 年，加拿大政府通过《加拿大海洋行动计划》，对加拿大的海洋国际领导地位、主权和安全，可持续发展的海洋综合管理，海洋健康和海洋科学技术等问题进行了具体规划。进入 21 世纪后，加拿大为了实现海洋发展战略，其海洋工作的重点在于以下几个方面：

（1）北极海洋战略计划框架的制定。由于全球气候的变暖，北极冰雪日趋融化，北极日益成为环北极国家以及许多非北极国家争相开发利用的热土。加拿大政府希望获取北极海洋能源的意图非常明显，已针对北极的开发宣布了"建造新的北极航海巡逻艇计划""深水港计划""沿西北通道的冰冷天气训练中心计划"。其与多个环北极国家和本国居民就环境污染、生物多样性、生态系统完整性等问题的矛盾是当前加拿大实现北极战略的重要阻碍。

（2）海洋环境、海洋生物的多样性、海运和海事的安全问题。近年来，加拿大的海洋环境受到不同程度的污染，海洋生物受到各种各样的威胁。而作为加拿大海洋资源支柱产业的海洋运输业，每年有超过 10 万艘的船只、360 万吨的货物运输量。因此，目前海洋环境、海洋生物的多样性、海运和海事的安全问题，仍是加拿大海洋工作的重点，其中如何解决大西洋西北海岸的过度捕捞问题尤为关键。

（3）海洋的综合计划和管理。为了更好地开发和利用海洋资源，应对海岸带综合管理、政府海洋职能、海洋法律法规，尤其是针对包括普拉森舍湾、大西洋浅滩、圣劳伦斯湾、波弗特海、北太平洋沿岸在内的五大管理规划优先领域的海洋综合管理问题，进行重点工作。

（4）国际上的海洋地位。一个国家在国际上的海洋地位很大程度影响其在国际社会的话语权，因此，加拿大非常注重在国际海洋管理、推动全球论坛上的领导作用。如何进行国际海洋合作，发挥其在国际海洋社会的管理职能也是其海洋工作的重要内容。

## 三、澳大利亚：世界第一的海洋资源产业贡献率

澳大利亚位于南太平洋和印度洋之间，由澳大利亚大陆和塔斯马尼亚岛等岛屿和海外领土组成。它东濒太平洋的珊瑚海和塔斯曼海，西、北、南三面临印度洋及其边缘海，海岸线长约2.01万千米，国土面积774.1万平方千米，占据了大洋洲的绝大部分，是全球国土面积第六大的国家。海岸线与国土面积之比为259.98米/平方千米，人均海洋面积居世界第一位，约为9.57平方千米/万人。澳大利亚的物产非常丰富，是南半球经济最发达的国家，是全球第四大农业出口国，也是多种矿产出口量全球第一的国家。

1979年，在澳大利亚政府颁布的《海岸和解书》确立了澳大利亚政府对海洋管理的绝对控制权之后，澳大利亚政府就将海洋资源产业的发展、海洋的综合管理和海洋资源的协调开发、海洋发展战略以及相关海洋法案的制定、海洋科技发展作为本国海洋资源的重点。

近年来，澳大利亚的农牧渔业、海洋油气业、滨海旅游业、以高速铝壳船和渡轮的设计和建造为主的船舶制造业等产业对海洋资源的贡献率较高，整个海洋资源产业产值对国民经济的贡献率约为8%，居世界前列。澳大利亚政府也将海洋资源产业的可持续发展作为本国海洋资源发展战略的重心，先后出台了一系列针对海洋资源产业发展的支持措施，以保证海洋资源产业在全球的竞争地位。

1997年，发布实施的《澳大利亚海洋资源产业发展战略》，正是将实现各产业和各部门之间的互动协作为目的，在统一产业部门和政府管辖区内海洋管理政策的基础上，对各部门的职能进

行了具体整合。之后成立的国家海洋办公室负责海洋相关事务的统一领导，监督海洋规划的实施，协调各涉海部门之间的矛盾。除此之外，澳大利亚政府在 20 世纪末还颁布实施了《澳大利亚海洋政策》《澳大利亚海洋科技计划》两个计划方案，作为海洋资源产业发展战略的必要补充。其中 1998 年颁布的《澳大利亚海洋政策》，对可持续利用海洋的原则、海洋综合规划与管理、海洋资源产业、科学与技术、主要行动五个部分做了详尽的规定。此系列海洋战略措施为规划和管理澳大利亚海洋资源及海洋资源产业的发展提供了一个框架支持和战略依据，是澳大利亚 21 世纪海洋资源发展的根本保障。

　　海洋环境的保护和治理工作是澳大利亚 21 世纪海洋发展战略的重要部分。2010 年 11 月 9 日，澳大利亚《2010 海洋保护法修正案》正式出台，其中澳大利亚政府针对向海域排放污染物的问题做出了明确的法律规定。此外，澳大利亚的各大州也先后出台了一系列关于海洋环境保护的法案。如 2011 年 11 月，新南威尔士州通过了《2011 环境保护法修正案》；2012 年 3 月 7 日，新南威尔士州议会通过了新的《2011 海洋污染法》。这些法案为海洋污染的治理工作提供了必要的法律保证。澳大利亚政府非常重视关于海洋的立法工作，国内具有比较健全的海洋法律制度，目前澳大利亚国内的 600 多部与海洋相关的法律为其海洋资源的有序发展提供了良好的法律环境，而其在 1994 年 10 月 5 日确立的《联合国海洋法公约》缔约国地位，更是为其在海域划分、海权争议等领域的权益争取提供了有利条件。

　　此外，澳大利亚政府还非常重视海洋科学理论和应用技术的研究和创新，于 1999 年出台的《澳大利亚海洋科技计划》和 2009 年出台的《海洋研究与创新战略框架》，为澳大利亚建立协调统一的海洋研究系统提供了制度保障，更为 21 世纪海洋发展战略的实施提供了必要的技术支持。

## 四、英国：分权式的海洋管理办法

英国本土位于欧洲大陆西北部的不列颠群岛，被北海、英吉利海峡、凯尔特海、爱尔兰海和大西洋包围，海岸线总长约 1.15 万千米，拥有丰富的海洋资源。英国国土面积约 24.40 万平方千米，海岸线与国土面积之比为 4 692.62 米/平方千米，人均海洋面积 1.85 平方千米/万人。

由于英国近岸海域油气、渔业等海洋资源非常丰富，其间更是良港密布，这使海洋逐渐成为英国的立国之本、经济之源。随着 20 世纪 60 年代以来英国对北海油气田的开发，海洋油气业逐渐成为英国最大的海洋资源产业。此后，英国更是逐步加大其在海洋新能源发电方面的技术开发力度，并计划从海洋中获取全国 1/5 的电力能源。

进入 21 世纪后，除海洋油气开采业外，港口业、海洋航运业、休闲娱乐业和装备制造业逐渐成为英国海洋的支柱产业。同时，英国的滨海旅游业和海洋设备材料工业的发展较为迅猛，其中海洋设备、游艇建造、巡航和可再生能源产业的增长速度最快。

英国对海洋事务的管理起步较早，但由于其采取分权式的海洋管理办法，海洋管理多分散于专门负责的管理部门，国内缺少统一的海洋管理机构；同时，尽管英国的海洋法律制度比较健全，但其涉海法律法规多是根据不同用途，分门别类地、针对具体海洋资源的开发行为的法律规范，缺少一部制约各类海洋行为的综合性的法律法规。这种海洋管理及海洋立法方式在一定程度上对海洋资源和海洋环境的管理和保护提供了有力的保障，但同时也导致英国本土既无统一负责海洋事务的政府部门，也没有统一的海上执法队伍，对全国海洋资源与产业的统一管理造成了许多不便。

目前，英国中央政府负责海洋资源与产业管理的主要机构包括皇家资产管理机构，环境、食品和农村事务部，商业、企业和管理改革部，海事和海岸警备队等。除此之外，地方政府以及一些半官方机构也参与了英国海洋事务的管理。而英国的海洋法律法规具体涉及渔业、油气勘查和开采业、与皇室地产有关的法规和与规划等，主要包括《海岸保护法》《皇室地产法》《大陆架法》《石油法》《渔区法》《渔业法》《领海法》《海洋渔业（野生生物养护）法》《海上安全法》《海上管道安全法令（北爱尔兰）》《商船运输法》《渔业法修正案（北爱尔兰）》《英国海洋和海岸准入法》等。

此外，英国一直非常重视海洋的科学研究工作。英国的海洋科学研究与开发投入呈逐年增长的趋势。21世纪之初，英国自然环境研究委员会（NERC）和海洋科学技术委员会（USTB）提出了今后5~10年内英国的海洋资源产业发展战略，包括海洋资源可持续利用和海洋环境预报两大方面。2007年英国启动了名为"2025年海洋"的战略性海洋科学计划，NERC提供了大约1.2亿英镑的科研经费支持该计划。

## 五、日本：转变后的海权观念

日本是一个四面环海的海洋国家，位于亚欧大陆东部、太平洋西北部，西临日本海和东海，北接鄂霍次克海，隔海分别与朝鲜、韩国、中国、俄罗斯、菲律宾等国相望。日本的国土面积仅37.8万平方千米，领土由北海道、本州岛、四国、九州岛4个大岛和3 900多个小岛组成，是一个资源较为匮乏的国家。但日本的海岸线与国土面积之比为7 936.51米/平方千米，人均海洋面积2.35平方千米/万人，可见，海洋资源对日本的经济发展起到了决定性的作用。

在第二次世界大战以前，受西方海权思想的影响，日本海洋发展的重点主要是海上军事武装。当时日本的海洋战略思想是：

日本及世界的未来取决于海洋，海洋的关键是制海权，制海权的关键在于海军的强大，海军战略的关键是通过舰队决战击溃敌方。

而在第二次世界大战战败后，日本逐步转变海洋发展战略，除了继续重视海上军事力量及海上安全外，也开始将海洋资源、海洋环保、海洋科技等非军事因素列入海洋发展重点，海洋资源逐渐成为整个国家经济发展的基础。

随着全球范围内对海洋资源、环境与安全的广泛关注，大多数海洋国家都纷纷针对海洋的未来开发和利用制订出 21 世纪的海洋发展计划，日本也开始加紧制定国家海洋战略和政策。

2005 年，日本出台了《海洋和日本——21 世纪海洋政策建议》。其主要内容包括：海洋开发利用与海洋环境保护之间的协调，确保海洋安全；充实海洋科学知识；健全发展海洋资源产业；海洋的综合管理；加强海洋问题研究和国际合作等。2006 年，日本成立了由防卫、外交、历史、水产、资源、交通、海上执法、环境等多方面专家学者以及民党、公明党、民主党的参议员和众议员组成的海洋基本法研究会。日本参议院于 2007 年 4 月通过了规范海洋问题的基本法案，日本《海洋基本法》正式出台。紧接着，日本于 2008 年 2 月 8 日出台了《海洋基本计划草案》。

日本在《联合国海洋法公约》的框架下，建立了较为完善的海洋立法体系。日本国会陆续通过了《专属经济区和大陆架法》《专属经济区渔业管辖权法》《养护及管理海洋生物资源法》《海上保安厅法》《核废料污染法》《水产资源保护法》《防止海洋污染和损害法》《海岸带管理暂行规定》《无人海洋岛的利用与保护管理规定》等法律法规。这为日本海洋经济的发展提供了重要的法律保障。

日本的海洋科研水平，尤其是海洋调查船、深海潜水器以及海洋观测技术一直居世界前列。在海洋机器人方面，日本开发出续航能力达 1 500 千米、装有能承受 350 个大气压的燃料电池、足以横渡北冰洋的鱼类机器人，可以在 3 500 米深海处潜行。但与欧美海洋强国相比，日本在海洋技术开发的综合性上稍逊一筹。

目前，日本的海洋资源产业和海洋相关产业的总产值占日本国内生产总值的一半，其中造船业、渔业、海洋油气业和海洋空间资源的开发与利用业是日本海洋经济的主导产业。日本每年投入巨额资金和众多高新技术来发展渔业与海藻等海产品的养殖业，其海产品的品种达 80 多种。日本在海洋空间资源的利用方面成果突出，对于日本这样国土面积较小的国家来说，合理进行海洋空间资源的开发和利用为日本国民提供了更加广阔的生存空间。日本已经建成了一座面积约 6 平方千米的神户人工岛海上城市，并建成了长崎海上机场、神户海上机场、关西海上国际机场，还计划在海上港湾、跨海大桥、海底隧道、海洋能源基地和海洋牧场等方面加强海洋空间的利用。

# 第二节　国内经典案例

## 一、广东省

广东是一个海洋大省，海岸线长，海域辽阔，海洋资源丰富。海域面积达 41.93 万平方千米，大约是全省陆地面积的 2.4 倍，海岸线长达 3 368.1 千米，发展海洋经济是广东的优势。海洋生物包括海洋动物和植物，共有浮游植物 406 种、浮游动物 416 种、底栖生物 828 种、游泳生物 1297 种。广东省远洋和近海捕捞，以及海洋网箱养鱼和沿海养殖的牡蛎、虾类等海洋水产品年产量约 460 万吨，可供海水养殖面积 77.57 万公顷（ 0.775 7 平方千米），实际海水养殖面积 19.49 万公顷（ 0.194 9 平方千米），雷州半岛的养殖海水珍珠产量居全国首位，是全国著名的海洋水产大省。沿海还拥有众多的优良港口资源：广州港、深圳港、汕头港和湛江港成为国内对外交通和贸易的重要通道；大亚湾、大鹏湾、碣石湾、博贺湾及南澳岛等地仍有可建大型深水良港的港址。珠江口外海域和北部湾的油气田已打出多口出油井。沿海的风能、潮汐能和波浪能都有一定的开发潜力。广东省沿海沙滩众多，气候温暖，红树林分布广、面积大，在陆地最南端的灯楼角附近有全国唯一的大陆缘型珊瑚礁，旅游资源开发潜力大。

广东省的社会经济发展取得了巨大的成就，整体经济实力雄厚，多年来一直居于全国前列，为海洋产业发展提供了良好的经济基础。另外，广东海洋科技力量较为雄厚，拥有多家海洋科研机构，各类海洋科技人才约占全国的1/4。近年来，广东省在海洋生物技术、海水综合利用技术、海岸带资源环境利用关键技术、海域地形地貌与地质构造探测技术、海洋疏浚泥资源化处理技术等高新技术研发方面取得了许多成绩，为海洋经济的可持续发展提供了重要的人才保障。

广东省根据自身的资源条件，采取了多种方式促进海洋经济发展。

第一，通过发展海洋高新技术，优化产业结构。发展船舶制造技术、深水养殖技术，逐步提高远洋捕捞能力及深水养殖技术水平，减小对近海渔业资源造成的压力。发展海洋生物医药技术、海水综合利用技术、海洋能利用技术、深海油矿勘探开采技术等高新技术，促使海洋开发向纵深发展，提高海洋开发利用水平，促进新兴海洋产业的快速成长。进一步提高港口的自动化、机械化程度，加强配套基础设施建设，以提高海洋第三产业的服务水平。不断提高海洋高新技术水平，逐步完成海洋传统产业的技术改造，同时促成海洋新兴产业行业领域进一步拓宽，产业规模取得实质性突破。

第二，充分发掘资源潜力，发展特色和优势产业，各地政府结合实际，制定相关政策，引导社会资源能够向重点行业转移，同时做好珠三角地区海洋产业、临港工业尤其是劳动密集型产业向粤东、粤西等较落后地区转移，推动广东东西两翼海洋产业的快速发展，进一步调整海洋产业布局，逐步形成粤东、粤中、粤西三大海洋经济区主业明确、产业互补、特色鲜明、协调发展的和谐局面。

第三，在重点行业组建大型集团公司，整合力量，形成一定资产和经营规模，提高自主创新能力，增强主业优势，提升市场开拓能力，从而在国内外具备较强竞争力，有效拉动了本行业以及相关产业发展。另外，广东省还通过建立海洋高新技术工业园区和海洋科学技术综合性研究中心的形式，进一步整合人力、财力、物力资源，通过现代化的管理运作模式，为海洋产业提供良好的发展平台。

第四，大力发展临海、临港经济，实现海陆经济一体化。随着全球经济一体化以及国际产业转移的高级化，一些资本技术密集型的重化工业开始陆续向我国转移，尤其是以汽车、化工业为代表的全球重化工业基本落户沿海地区，尤其是港口条件优越的地区。近年来，广东省大力发展重型机械、造船、汽车、石化等重化工业，逐步形成了以临港开发区为载体的沿海重化工产业带。另外，广东省也加强了海洋交通运输的基础设施建设，不断满足现代物流业的要求，充分发挥海陆经济的联动作用。

第五，进一步完善海洋产业发展的社会支撑体系。广东省不断完善海洋短、中、长期发展规划，正确处理好发展与规划的关系，研究有利于促进海洋产业尤其是新兴海洋产业快速发展的融资机制、科技创新体制、海洋环境保护体制，完善其他各项政策法规保障体系，有效地调动、整合各类社会资源，为海洋产业的可持续发展提供完善的社会服务、支撑和保障。

## 二、浙江省

近年来，浙江以建设海洋强省为战略目标，以海洋领域供给侧结构性改革为主线，以创新体制与先行先试促改革，以产业集聚与转型升级促发展，以资源节约和环境保护促生态，上下联动、凝心聚力，大力发展海洋经济，成为全国海洋经济发展示范区建设的先行者。2016年，全省实现海洋生产总值6 700亿元，比2010年增长77.5%，占浙江省地区生产总值的14%以上。海洋资源产业已经成为浙江省国民经济的重要组成部分，对全省经济发展的辐射拉动能力不断增强。2016年，全省沿海港口货物吞吐量11.4亿吨，完成集装箱吞吐量2 362万标箱，分别比2010年增长38.2%和54.7%。其中，宁波舟山港完成货物吞吐量9.2亿吨，连续7年稳居全球港口第一位；完成集装箱吞吐量2 156万标箱，位列全球第四位。全省拥有涉海类高校21所、涉海类省重点学科40余个，涉海科研院所13家、国家级海洋研发中心（重点实验室）5家、海洋科技创新平台19家。膜法海水淡化技术和产业化、海产品育苗和养殖技术、海产品超低温加工技术、分段精度造船技术等全国领先。

浙江省加速海洋资源产业发展的具体做法如下：

（1）提速海洋科技研发，做大做强战略性新兴海洋产业。一是提升海洋科技成果转化率，改造近海海洋养殖和远海海洋捕捞业、水产品加工和贸易等传统海洋产业；二是加速研发海洋服务贸易国际规制，培育国际航运、国际海洋金融、海洋旅游、海洋科技信息等海洋服务业；三是全面提升海洋科技自主创新能力，扶持发展海洋装备制造、清洁能源、海洋生物医药、海水利用、海洋勘探开发等海洋新兴产业。

（2）保护海洋资源环境，助推海洋经济发展方式转变。一是重点强化海洋湿地、海岛、海洋文化资源的保护性开发利用；二是整合提升临港与海岛地区石化、钢铁等产业，强化污染企业治理；三是加强沪、苏、浙两省一市及与台湾地区的协作，重点在入海污染源联合监控、海洋污染协同治理、重大海洋污损事件防范应对、海洋生态修复建设、涉海环境联合执法、废弃物海洋倾倒监管等领域开展广泛合作。

（3）强化前沿阵地布局，切实维护和巩固国家海洋权益。浙江海洋经济发展示范区建设的重要载体——海岛、专属经济区、大陆架的海床等，是发展海洋经济的重要空间资源。当前的重点任务在于合理开发利用重要海岛、海域以及省内陆域边界地市。对于海岛要加强分类指导，重点推进舟山本岛、岱山、泗礁、玉环、洞头、梅山、六横、金塘、衢山、朱家尖、洋山、南田、头门、大陈、大小门、南麂等重要海岛的开发利用与保护，在国家海洋局指导下，积极勘探相关海域的海底矿产资源和油气资源，推进渔业捕捞业发展。根据各海岛的自然条件，科学规划、合理利用海岛及周边海域资源，着力建设各具特色的综合开发岛、港口物流岛、临港工业岛、海洋旅游岛、海洋科教岛、现代渔业岛、清洁能源岛、海洋生态岛等，将浙江逐步发展成为我国海岛开发开放的先导地区。

## 三、福建省

福建位于台湾海峡西侧，北承长三角经济区，南联珠三角经济区，海域面积达 13.6 万平方千米，较其陆域面积大两倍多，其中所设区市有 2/3 属于沿海地区，岸线长度达 3 752 千米，约为我国大陆海岸线总长（18 000 多千米）的 1/5，位列全国第二，具备了发展海洋经济的突出区位条件和良好资源优势。海洋资源丰裕，拥有的 5 大优势资源为"港、渔、景、油、能"。港口资源方面，拥有 125 个大小海湾，深水泊位中 5 万吨级以上的可大规模开发建设的有 7 个，可建设 20 万～30 万吨的超大型深水泊位多处。渔业资源方面，近海海洋生物有 3 312 种，水深 200 米以内的海洋渔场面积 1 215 万公顷（12.15 平方千米），有丰富的浅海滩涂资源，可利用的养殖面积 15 万公顷（0.15 平方千米）。海景方面，具有旅游开发价值的岛屿众多，发展滨海旅游产业潜力巨大。油、能方面，台湾海峡油气蕴藏量大，风能、潮汐能等能源丰富，为海洋事业的发展提供了良好的资源基础。

近年来，福建省政府先后修订、制定了《福建省海洋环境保护条例》《福建省海洋生态补偿赔偿管理办法》《福建省入海污染物溯源追究管理办法》以及《福建省海洋环境污染损害和渔业水域污染事故处理办法》等一系列法规和配套制度，为推动海洋生态文明建设提供了强有力的法规和制度保障。

此外，福建省对海洋渔业结构进行深度调整和优化，努力向海洋现代渔业转型发展。对其海洋资源现状进行分析可知，福建省近些年来由于海洋资源的日渐衰竭，近海捕捞减少，海水养殖与远洋捕捞比重上升，海洋渔业结构逐步调整。

现代渔业基于资源节约、环境友好的理念，以高端产业发展为基础，建设资本、技术、人才等核心生产要素相结合的密集型产业，能够实现经济、社会、生态效益的有机统一。福建省通过技术改造升级、管理模式及经营方式改进创新以及构建现代渔业产业体系来提升渔业发展，实现了海洋渔业提质增效。此外，福建省还抓住了互联网这一重要发展趋势，打造"互联网+渔业"的服务平台，对渔业企业进行电子商务培训，利用"互联网+电商+海洋"模式与渔业行业深度融合，助力传统渔业向现代渔业转型。

同时，福建省大力推动海洋战略性新兴产业发展。海洋战略性新兴产业是具备知识技术密集、资源消耗低、经济效益高等特点的产业，发展海洋战略性新兴产业已成为国家或地区产业结构升级、经济发展方式转变和抢占经济发展制高点的关键，是福建省海洋产业结构优化的突破口。为此，福建省根据《福建省"十三五"战略性新兴产业发展专项规划》要求，充分利用厦门—福州—泉州一带已经打下较好基础的海洋战略性新兴产业基地，从平台打造、项目带动、优惠政策制定、金融支持、体制机制建设等方面着手，重点推动有市场发展前景的海洋生物医药业、海洋工程装备业、邮轮游艇业、海水利用业、海洋可再生能源业5大新兴海洋产业的加快培育和发展。同时，以"一带一路"建设为重要契机，利用福建的地理区位优势，进一步深化闽台在海洋新兴产业方面的交流与合作。充分利用台湾地区在生物科技等新兴产业方面的优势，以打造福建为海洋新兴产业转移承接基地为目标，加快平潭海洋新兴产业合作示范区构建，积极吸引台湾地区海洋生物医药、邮轮游艇等产业入驻福建，形成海洋新兴产业优势互补、良性互动、协同发展的格局。

福建省持续壮大海洋现代服务业，促使产业向高端化提升。现代海洋服务业处于海洋产业链高端，是海洋经济发展的新引擎。因此，福建省依托福州、厦门等中心港口基地，强化"两集两散两液"核心港区的规划与布局，同时，按照《福建省"十三五"海洋经济发展专项规划》要求，在改造提升滨海旅游、海洋交通运输等传统海洋服务业的同时，应用互联网、物联网等现代信息技术，加快涉海金融保险、信息服务、文化与创意产业等现代海洋服务业发展，促使海洋产业链向高端迈进，实现了海洋产业结构由传统的资源开发模式向现代海洋服务型转换。

## 四、山东省

山东省是海洋资源大省，主要体现在：山东省海岸线约3 121.9千米，是全国海岸线总长的16.67%；山东省拥有326个面积大于500平方米的海岛；山东省拥有与其陆地面积相当的近海海域面积（15万平方千米）；山东省沿海有200多处海湾，其中有35%的优良港湾；山东省拥有全国15%的滩涂面积（3 200平方千米）；此外，山东省的矿砂、旅游、盐田等6种资源的丰裕度居全国之首。山东省的海洋油气资源、海水及地下面水资源、海洋生物资源、港口及航道资源，与我国其他省（市、区）的海洋资源相比具有一定的优势。

山东省专门成立了山东省海洋资源与环境研究院，重点研究海洋资源与环境调查、开发、保护，海域海岛可持续利用以及海洋资源发展战略等领域。研究院先后建立了山东海洋与渔业司法鉴定中心、山东省海洋经济动物引育种技术研究推广中心、中俄海洋生物联合实验室、山东省海洋环境生态修复重点实验室等科研与公益服务平台。此外，为科学、规范、有序地开展全省海洋特别保护区建设工作，切实履行海洋行政主管部门监督管理职责，有效保护海洋生态，合理利用海洋资源，根据《中华人民共和国海洋环境保护法》和国家海洋局《海洋特别保护区管理办法》等有关法律法规的规定，山东省于 2014 年组织制定了《山东省海洋特别保护区管理暂行办法》。

# 五、辽宁省

辽宁省是全国重要沿海省市之一，横跨黄海、渤海两个海域，大陆海岸线长约 2 100 千米，占全国海岸长的 12%。辽宁省海域气候宜人，地理位置优越，海洋资源丰富，沿海城市发达，具有宝贵的地源优势。在振兴东北老工业基地的背景下，辽宁省由于大力实施"海上辽宁""科技兴海"战略，发展海洋资源和经济，其海洋经济已经步入稳健发展的轨道，成为国民经济新的增长点，呈现出传统产业、新兴产业和未来高技术产业等多层次共同推进的格局。辽宁省沿海地区的社会生产力、综合经济实力和人民生活水平都迈上了一个新的台阶，海洋综合经济实力明显增强，也为东北老工业基地的振兴做出了巨大的贡献。

2006 年 6 月，辽宁省政府与国家海洋局签发《关于共同推进辽宁沿海经济带"五点一线"发展战略的实施意见》，提出要充分利用辽宁省海洋资源，着力打造沿海经济带，促进产业结构调整和优化产业布局，有重点、有步骤地积极推进"五点一线"的"V"字形沿海经济带建设，大力发展临港工业和沿海经济，努力形成产业集群，构筑沿海与腹地互为支撑、良性互动的发展新格局和对外开放的新格局。这为辽宁省海洋经济的发展提供了巨大的机遇。

海洋水产业是辽宁海洋龙头产业，在较长时间内，海洋水产业仍然将在辽宁省海洋产值中保持很高的比重，实施"五点一线"战略可以促进海洋水产业的优化升级，扩大海水养殖业规模、提升技术含量，进一步加强海洋水产品的深加工，增加对外的出口量。辽宁省的滨海旅游业、海洋交通运输业，在海洋产业总产值中所占比重较高，而且属于第三产业，产业发展序列中序次较高，实施"五点一线"战略将在沿海地区逐步形成临港产业集聚带、资源开发产业带和旅游观光产业带，因此运输业作为基础产业，旅游业作为新兴产业，成为辽宁海洋产业的主导产业之一。沿海造船业作为辽宁省的传统优势产业，而海洋盐业和海洋油气业则是以资源定产值，以资金科技定效益，借助"五点一线"发展临港产业和资源开发产业的机遇，增加科技投入，成为辽宁海洋经济发展的主要推动力。辽宁省新兴的海洋产业除滨海旅游业以外规模不大，产值还不高，但是近年发展迅速，尤其是海洋生物药业发展迅速。

## 六、河北省

河北省海洋资源种类齐全，禀赋条件各异。空间、生物、化学、旅游、港址、能源6大海洋资源体系完整：旅游资源类型多、组合条件优；海盐资源丰富，利用条件好；港址资源总体稀缺，但重点港址个体条件优越；生物资源数量有限，但种类独特；能源种类齐全，开发前景较好；空间资源总量稀缺，但可利用程度高。同时河北省资源开发外部自然条件较好。河北沿海地区风暴潮、台风、地震等自然灾害较少，海域环境较为封闭，水体交换缓慢，海洋资源开发气候地质条件稳定，生态环境敏感。其资源开发区位和腹地条件得天独厚。河北省沿海地区毗邻京津、面向东北亚、内连华北西北广阔腹地，优越的区位和腹地条件决定了其海洋资源开发的地位和作用远超出省域范畴，在国家战略中承担着重要的角色和任务。

河北海洋资源的高度综合性和融合性决定了海洋资源开发必须采取组合开发模式。一是"港（口）—产（业）—城（市）—（旅）游"组合开发模式，以秦皇岛、曹妃甸新区、乐亭新区、渤海新区为重点，加强现代化综合大港、临港产业园区、滨海新城和旅游功能区一体化规划建设，促进港口、产业、港城和旅游互促互动、组团式、一体化发展；二是"渔（业）—盐（业）"组合开发模式，以大清河盐场、南堡盐场和沧州盐场为重点，充分利用分级盐池，开展不同耐盐度海洋生物增养殖，建设渔盐结合型海洋牧场；三是"渔（业）—（风）能"组合开发模式，以沧州和唐山近岸海域为重点，结合潮间带及海洋风电场建设，科学规划建设控制性人工海档，布设和投放人工鱼礁，建设新型海洋牧场，推动渔能立体式开发。

根据河北沿海及海洋空间资源特点，在海洋空间资源开发模式上，要坚持做大做强曹妃甸新区、渤海新区、北戴河新区、乐亭新区，使它们尽快成为辐射和带动沿海地区及海洋经济发展的增长极。产业发展是海洋资源开发的出发点和落脚点，是集中体现海洋资源开发效率和水平的关键环节，河北按照省海洋资源集中、集聚、节约、集约开发的战略要求，从以下 3 个层面探索产业发展的有效模式：一是在单个产业发展上，探索循环链式发展模式，着力构建原料供应链、产品加工链、能量梯级利用链、水循环利用链和废弃物回收再利用链；二是在关联产业发展上，探索联动发展模式，围绕最大限度利用主导资源和伴生资源，实行主导产业与关联产业一体化统筹规划和建设，推进相关产业项目建设和扩能改造，科学匹配项目产能规模和发展速度；三是在产业空间配置上，探索组群发展模式，着力推动各类临港产业向园区集聚，培育产业集群，打造产业增长极。

海洋科技是海洋资源高效开发的核心支撑。河北省针对海洋科研基础薄弱、整体水平较低的现状，积极探索多种海洋科技发展模式：一是探索产学研一体化海洋科技发展新模式，整合涉海科技资源，适时组建"河北省海洋经济研究院"。联合国家级涉海科研机构、知名涉海高校、沿海地区政府和大型涉海企业，筹组"河北省海洋科技产学研创新联盟"，打造河北海洋科技发展的高端平台。二是探索海洋科技示范带动模式，规划建设一批形式多样的海洋科技创新和产业化示范园区，安排部署一批海洋科技示范项目，集中开展海洋资源开发关键共性技术试点和示范。三是探索海洋科技开放联合发展模式。大力推进与国内外海洋科研教育机构的联合协作，积极主动吸引国内外知名涉海研发机构和高校在河北沿海设立分支机构和分校。四是探索海洋科技产业助推发展模式。积极引进和培育涉海高新技术产业，有计划地规划若干涉海高新技术产业园区，实施一批涉海高新技术产业项目，以涉海高新技术产业的发展带动海洋科技水平的提升。

海洋资源管理模式是海洋资源开发管理体制和机制的顶层设计，决定着海洋资源开发的效率和秩序。河北顺应海洋资源管理体制改革潮流，探索更为有效的海洋资源管理新模式：一是推进资源行政管理一体化改革。参照城市规划委员会模式，成立由省主要领导牵头，各个涉海部门和沿海市县主要领导为成员的海洋管理委员会，定期召开海洋经济发展联席会，讨论、协调、解决涉海方面的重大问题。设立由外部专家及专门机构组成的第三方顾问组，承担海洋管理委员会的专业技术支持工作。二是推进海洋联合式执法改革。建立秦唐沧海上执法城市联盟，共同打击违规捕捞，维护海上生产秩序，保障港口安全和航线安全畅通。三是推进海洋资源市场化改革。开展海域使用权市场化改革，健全完善海域使用权登记管理制度，探索海域价值评估体系，搭建海域使用权储备交易平台，探索开展海域使用权招投标制度，制定海域使用权质押贷款办法。探索完善岸线有偿使用制度，形成体现岸线与海洋资源稀缺程度的定价机制。科学规划合理利用滩涂资源，开展用海域农牧化"土地"增加量置换陆上土地资源的创新试点。

# 第三节　北部湾海洋资源产业化发展模式选择及分析

## 一、功能地位

北部湾背靠我国大西南，面向东南亚，具有丰富的海洋资源和优良的海洋生态环境，是经济社会发展的重要战略空间。北部湾海洋资源产业功能定位：立足北部湾、服务"三南"（西南、华南和中南）、沟通东中西、面向东南亚，充分发挥连接多区域的重要通道、交流桥梁和合作平台作用。

合理确定不同海域主体功能，科学谋划海洋资源产业发展，调整发展内容，规范开发秩序，提高海洋产业发展效率，实现海洋资源产业的可持续发展，构建陆海协调、人海和谐的海洋空间海洋主体功能区。按开发内容可分为产业与城镇建设、农渔业生产、生态环境服务 3 种。依据主体功能，广西海洋空间划分为优化开发区域、重点开发区域、限制开发区域、禁止开发区域。

## 二、SWOT分析

北部湾是我国沿海地区中唯一尚未大规模开发的经济区，具有良好的区位优势、丰富的海洋资源、国家政策的支持以及良好的外部环境，其资源、人口和环境承载容量大，开发潜力巨大。但同时也存在着海洋资源开发不合理、海洋产业规划不科学及海洋人才培养不到位等不足，机遇与威胁并存。（见表5.1）

表5.1　北部湾海洋资源产业发展的SWOT矩阵模型

| 优势（Strengths） | 劣势（Weaknesses） |
|---|---|
| 优越的地理位置<br>丰富的海洋资源<br>良好的政策环境 | 海洋资源开发不合理<br>海洋产业规划不科学<br>海洋人才培养不到位 |
| 机遇（Opportunities） | 威胁（Threats） |
| 泛珠三角区域经济的快速增长<br>西部大开发战略的进一步落实<br>中国—东盟自由贸易区的顺利启动 | 区域内部海洋资源产业发展趋同<br>区域外部海洋资源经济竞争激烈 |

1. 优势（Strengths）

北部湾的区位优势突出、自然资源丰富、政策优势明显，拥有得天独厚的发展海洋经济的优势条件。

（1）优越的地理位置。

北部湾地区沿岸各港口是我国西南地区通往非洲、中东、欧洲、东南亚和大洋洲最便捷的出海口，也是沟通华南与西南的重要通道；北部湾是中国—东盟全面合作的重要桥梁和战略枢纽，也是"泛珠三角"区域和东盟经贸联系的一个中心点；同时，它还是沟通太平洋与印度洋的航道之一，建港条件十分优越，已有港口数十个以上，在我国"睦邻、富邻"及开放开发的战略格局中具有重要的地位和作用，是我国近期对外开放的重点区域。

（2）丰富的海洋资源。

北部湾是我国著名的渔场，有鱼类 900 多种，主要经济鱼类 50 多种，鱼类资源达到 70 万～80 万吨；有虾类 200 多种，主要经济虾类 10 多种，仅据广西沿岸调查虾类资源量约 7 000 吨；沿海经济贝类很多，主要经济贝类有马氏珠母贝、日月贝、文蛤以及鲍鱼等；主要蟹类有梭子蟹；还有许多有科学、药用价值的海洋生物和珍贵稀有资源。

北部湾海域蕴藏着丰富的石油、天然气资源。该地区已探明的石油储量达 2 256 万吨，天然气储量 350 亿立方米。目前在 108° E 以东分布有我国两个重要的含油气沉积盆地，即位于北部湾东部的北部湾盆地和位于北部湾口的莺歌海盆地。北部湾盆地初步预测石油资源量为 16.7 亿吨，天然气资源量为 1 470 亿立方米，极具开发前景。莺歌海盆地已探明含油气面积 5.4 万平方千米，天然气储量 911.83 亿立方米。预测资源潜量为 57 亿吨。

北部湾拥有众多的天然深水良港，可供建设的深水良港码头资源十分丰富。如，钦州港深水海岸线长 68 千米，可以建 1 万～30 万吨的码头 200 多个，且没有回淤，受台风影响小，是深水避风良港。北海海岸线总长 500.13 千米，其中大陆海岸线 468.2 千米，岛屿岸线 31.93 千米，具有巨大的建设港口码头潜力。

（3）良好的政策环境。

从世界背景看，经济全球化是当今时代最显着的特征。国际化社会分工扩大了世界经济的市场范围，也为地区发展提供了广阔的空间，给北部湾海洋资源产业化发展提供了新的机遇。从国内看，沿海各级政府坚持科学发展观，积极落实中央经济工作会议精神，稳步推进海洋经济结构调整，海洋经济发展的质量和效益不断提高，为北部湾海洋资源的发展创造了良好的外部环境。同时，我国也出台了很多政策支持北部湾海洋经济的发展。

## 2. 劣势（Weaknesses）

改革开放以来，北部湾区域各方抓住机遇，加快建设步伐，在海洋渔业、港口建设以及滨海旅游业等方面都取得了重大的突破。但是在发展过程中仍然存在一些缺陷和不足。

（1）海洋资源开发不合理。

① 在沿岸浅海区即水深 40 米以内的区域，渔业总捕捞量已超过了最大可捕量，资源已经严重衰退；但是 200 米水深以外的外海，渔业总捕捞量却较低，资源尚未得到很好的利用。

② 海洋交通运输业发展不完善，各种运输方式之间缺乏有机联系，港口建设与疏港铁路和公路配合不足，海路联运、集装箱联运的发展不够协调。

③ 滨海旅游资源开发力度较小，由于经济发展的条件限制，每个城市都尚未形成足够的旅游产业规模。如，广西的北海宜作海滨浴场的面积是大连、青岛、烟台和威海海滨浴场面积的总和，且年宜游泳天数是后者的两倍，但由于开发不足，年游客人数尚不及大连的 1/5。此外，北部湾近海海域的生态环境呈现不断恶化的趋势。

（2）海洋产业规划不科学。

① 北部湾地区海洋渔业、港口建设和滨海旅游业等方面已经取得较大突破，极大地推动北部湾地区以及周边地区的经济发展，但是新兴产业、高新技术产业比重相对不足。

② 环北部湾海洋第一、二、三产业整合力度不大，联动性差，尤其是第三产业发展较落后。

③ 北部湾海洋产业粗放的生产经营方式，对海洋资源的合理利用不足，造成了对资源的高消耗，加剧了人与资源的矛盾，影响了海洋经济的可持续发展。

（3）海洋人才培养不到位。

由于经济、社会和历史等因素影响，环北部湾地区的海洋人才储备不足、培养不到位。人才总量不够多，整体素质不够高；

人才结构和分布不够合理，专业技术人才大部分集中在非物质生产部门；高层次人才稀缺，环北部湾地区的高等院校对海洋人才的培养力度不足，专业的研究机构也是屈指可数。

### 3. 机遇（Opportunities）

近年来，北部湾经济区的周边地区发展迅速，各种合作项目不断涌现，为环北部湾经济区发展海洋经济带来了前所未有的机遇。

（1）泛珠三角区域经济的快速增长。

泛珠三角区域覆盖着 3 个处于不同发展梯级上的地区，经济互补性强，具有垂直分工的广阔前景和资源优化配置的巨大空间，不同地区的合作将有利于增强区域整体经济实力及全球竞争力。北部湾地区属于泛珠三角经济圈范围，泛珠三角区域经济的发展必将极大地推动北部湾经济区的快速提升。2004 年，"9+2" 共 11 个省、自治区签署了《泛珠三角区域合作框架协议》，标志着泛珠三角区域经济合作正式启动。各方不断合作发展海洋经济，拓宽合作领域，扩大合作腹地，提高合作水平，发挥各自优势，为北部湾经济区的发展提供了广阔的空间。

（2）西部大开发战略的进一步落实。

当前，西部大开发战略处于重要转型期，政策落实力度不断加大，西部地区面临新的政策机遇。而环北部湾经济区大部分处于西部，可以充分利用这一政策优势，发挥其作为西南出海大通道的作用，进一步加快北部湾地区与西南地区经济协作，促进西南地区产业转移，使北部湾地区成为带动西南地区发展的新增长极。此外，在西部大开发战略实施过程中，西部地区基础设施条件的改善也为北部湾经济区发展特色优势产业提供了条件。

（3）中国—东盟自由贸易区的顺利启动。

2010 年 1 月，中国—东盟自由贸易区正式启动，其作为世界人口最多的自由贸易区，存在着巨大的经济发展潜力。东盟 10 国中有 9 个国家是沿海国家，海洋对于东盟国家的经贸发展、对外交往等各方面具有重要意义。从区位条件上看，北部湾具有"海上东盟"的大通道优势，且是"海上东盟"的中心，具有以港口为核心的经济开放和经济辐射的战略价值。中国与东盟的双边贸易额从 2001 年的 416.1 亿美元增长到 2009 年的 2 130.11 亿美元，增长了约 4.1 倍，由此可以看出，中国—东盟自由贸易区的构建与启动将给北部湾经济区的发展带来巨大的机遇。

### 4. 威胁（Threats）

在看到北部湾经济区面临重大发展机遇的同时，还应该看到其面临着来自区域内部和外部各方的威胁。

（1）区域内部产业发展趋同。

北部湾区域内部具有相同的海洋资源优势条件，使地区间产业在一定程度上结构雷同、竞争加剧。在经济结构上，湛江与北海（港口工业、渔业、外贸等）、茂名（石油、化工、纺织、建材等）等周边地区存在不同程度的同业竞争，这样不仅牺牲了各地的比较优势和分工效益，而且加剧了内部的竞争程度，极大地影响了区域整体综合经济实力和区域对外竞争力。低层次的无序、同质竞争，已造成资金的分散使用和重复建设的大量浪费，在区域经济发展中产生了明显的邻近负效应。

此外，北部湾各港口城市之间也存在同构竞争。区域内各港口的飞速发展，形成了多条南下出海通道，造成分流、截流西南物资，港口建设以及与之相联的临海工业建设合力不足，各自为政，区域各方无论主体实力如何，几乎都选择了相同的内容和模式。这样一方面消耗了资金、资源，另一方面效益的产生、优势的发挥都未达到预期的目标。

（2）区域外部经济竞争激烈

北部湾经济区的发展受到了周边国家和地区经济竞争的挑战。经济合作关系同时也是经济竞争关系，环北部湾周边的东盟国家、国内的泛珠三角经济区以及云南省等周边地区都是北部湾经济发展强有力的竞争者。中国—东盟自由贸易区的建立不仅为北部湾经济区的发展带来了机会，同时也带来了挑战。

东盟国家在经济发展模式上与中国相似，大多是以劳动力密集型产业为主。从整体经济实力来说，东盟国家虽然稍逊于中国，然而就其人均经济总量和产业结构而言，一些东盟国家，特别是新加坡和马来西亚等国，其经济发展水平相较我国较高，这些国家在资金和技术创新能力等方面也高于我国的平均水平，由此给北部湾经济区海洋经济的发展带来了威胁。

## 三、发展模式选择与分析

根据国内外海洋资源产业化发展经典案例的经验及北部湾海洋资源产业化发展的 SWOT 分析，本书重点针对北部湾海洋资源产业化发展的劣势和威胁，将海洋资源产业化发展的各种模式进行综合，提出北部湾海洋资源产业化 PAST 发展模式，如图 5.1 所示。

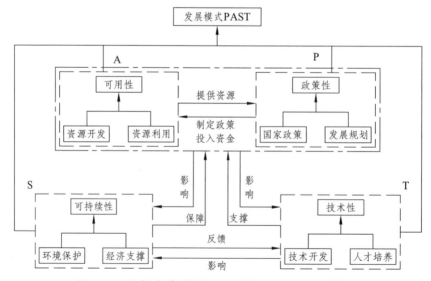

图 5.1　北部湾海洋资源产业化 PAST 发展模式

北部湾海洋资源产业化 PAST 发展模式由海洋资源政策性

（Policy）、可用性（Availability）、可持续性（Sustainability）和技术性（Technology）4个维度和要素组成，用以反映北部湾海洋资源产业化的发展模式及发展重点。该发展模式涉及资源开发、资源利用、社会、经济、环境与技术等诸多要素，各要素之间并非各自独立，而是相互渗透和协调。

首先，政策性表征的是政府为北部湾海洋资源产业化发展制定的国家政策和发展规划、发展方向等，为海洋资源的开发和利用提供政策、规划和资金等；可用性表征的是地质存在，即海洋资源的开发和利用，为国家和经济提供基础的资源和支撑；可持续性的维度由环境保护和经济支撑两个方面组成，是海洋资源产业化发展状态和目标的体现；技术性由海洋资源技术开发和人才培养两个方面支撑，是海洋资源产业化发展的保障和发展动力。因此，本书在现有的研究基础上，基于供需理论、系统学和可持续的视角，并结合北部湾海洋资源产业化发展的现实情况，最终提出了"PAST"的海洋资源产业化发展模式，涵盖了海洋资源开发、资源利用、社会、经济、环境与技术等诸多要素。

（1）政策性（Policy）。

国家和地方政府按照加快转变经济发展方式的要求，统筹国际国内两个大局，科学规划北部湾海洋资源产业化发展，制定相应的法规政策，大力发展海洋油气、运输、渔业等产业，进一步规范海洋开发秩序，合理开发利用宝贵的海洋资源。

（2）可用性（Availability）。

可用性子系统表征的是地质存在，是海洋资源开发与利用的程度，即海洋资源禀赋。可用性从"量"上影响海洋资源产业化发展，成为海洋资源产业化发展模式的基本维度，对海洋资源产业化发展起着关键作用。它关注的是海洋资源的数量，体现了海洋资源的数量维，是海洋资源产业化发展的基础和支撑。

（3）可持续性（Sustainability）。

经济因素代表一国的经济实力，体现了国家从经济层面对海洋资源产业化发展的支撑，将其纳入可持续性的维度中。同时，可持续性维度还考虑了社会、环境等因素。因此，经济因素和环境及社会因素等共同影响可持续性维度。可持续性既是海洋资源产业化发展的状态，也是其目标，从经济支撑和环境保护两个方面保障和影响海洋资源产业化的稳定、协调发展。

（4）技术性（Technology）。

在海洋资源研究和勘查等技术不断发展、更新及专业技术人员能力不断提升的时代。技术性通过影响海洋资源的开发利用效率等，成为海洋资源产业化发展的重要维度，其包括技术开发和人才培养两个方面。技术性是海洋资源产业化发展的动力和保障，对海洋资源产业化发展起着支撑和推动作用。

此外，从海洋资源产业结构上来看，北部湾地区的海洋资源产业，还处于发展初期，产业基础薄弱。如果一味地追求最优产业结构，人为地使产业结构趋于最优，将会过度依赖国家干预与产业计划。一旦产业调整的步伐过快、不可控因素过多、计划设计不全面，将会导致政府失灵，造成大规模的灾难性损失。因而，受制于北部湾海洋资源产业规模尚小，最优产业结构仅作为海洋产业的发展目标，不作为发展的参考依据。而增长极理论则强调："以规模大、增速快、关联强的产业为主导产业，组成主导产业群（增长极）。优先发展增长极产业群，使这类产业群更快发展，通过乘数效应带动其余产业一同增长。这种前拉后推的连锁作用，能最终带动该区域达到均衡发展。"增长极产业集群容易产生规模经济、外部经济，因而对区域经济的贡献巨大。目前，北部湾各海洋资源产业的发展极不均衡，短时间内难以做出较大调整。因此，需要合理利用产业不均衡的现状，选择海洋发展的主导产业。通过发挥增长极发展模式的优势，放大主导产业的支配效应，增强产业间的关联性，提高产业整体的乘数、极化、扩散效应，最终使各产业实力增强，产业结构改善。

# 第六章  北部湾海洋资源产业化发展
## 对策、路径及保障

## 第一节  北部湾海洋资源产业化发展对策

### 一、北部湾海洋资源产业化发展的原则

#### 1. 总的原则

根据第四章与第五章的分析，北部湾海洋资源产业化发展的总原则为：

（1）依托国家"一带一路"倡议，充分利用国内外两种资源两个市场，与港口腹地产业协同发展。

（2）立足广西海洋经济可持续发展"十三五"规划，协调海洋资源产业和陆域产业互动发展。

（3）环境划清红线、资源开发留有余地。

（4）特色资源优先发展，优势资源优化发展，形成产业增长极，带动其他产业发展，弱势资源错位发展。

（5）政府规划，政策引导，企业互动合作形成海洋产业聚集区。

#### 2. 北部湾海洋资源产业化发展原则

（1）时序原则。一些产业发展之间存在时序的关系，即某产业是其他产业发展的先行产业。

（2）环境资源保护原则。按照环境资源保护原则，优先发展低碳经济和循环经济。

（3）历史文化资源保护原则，其中包括两点。一是可持续发展原则。历史文化资源是人类文化遗产，是不可再生的文化资源，必须做到保护第一，开发第二，在保护的基础上实现有效利用。二是创新性原则。历史文化资源保护部门和旅游以及其他相关产业管理部门，应在保护历史文化资源基础上，规范企业进行创造性的开发经营和管理，有利于形成大市场、大产业。

（4）人力资源可支持原则。发展任何产业，人力资源都是最能动的劳动要素，没有人力资源的支持，无论是政府还是企业，都很难取得成功。

## 二、北部湾海洋资源产业化发展策略

1. 生物资源产业化发展策略

（1）在生态系统平衡的基础上研究开发特色生物资源，基于深加工技术，实行特色资源的产业化发展定位高端化（高值优质海水养殖业、高端食品加工业等），通过科技投入，实现智力储备和产品研发。

（2）实行优势资源产业化发展规模化标准化定位，与加工、物流和旅游等服务业融合发展。利用海洋的优势资源加工的产品，在内陆市场就是特色产品，应着力开拓远距离内陆和国际市场。

（3）优势不明显的生物资源产业实行错位化发展。基于北部湾的区位优势，通过可利用的外部资源，实现产业化发展的规模效益。寻求与国际资源、资金和市场的多元化合作，着力开拓国内外两个市场。

2. 矿产资源资源产业化发展策略

（1）北部湾地区拥有石油、天然气等矿产资源，应该根据国家和广西能源发展战略，尽早勘探，科学规划，合理开采。

（2）利用北部湾现有石油炼化产业能力，利用国内外多种资源，优化并大力发展石油炼化加工业。

### 3．自然地理资源产业化发展策略

（1）北部湾地区拥有深水良港，区内不同港口要合理定位，结合港口依托城市和港口经济腹地的特点，发展专业化港口物流服务产业区，打造临港产业供应链。

（2）抓住我国建设海洋强国的战略契机，发展海洋工程建筑业。海洋工程建筑业是海洋经济发展的先行行业，随着我国与国际经济贸易的快速发展，沿海港口工程建设需求大幅上升，该产业存在较大潜在需求。未来国际经济竞争的焦点将集中在海洋经济领域，北部湾区内海洋工程建筑业依托强大潜在需求和先行需要，高技术高标准地发展海洋工程建筑业，有望成为继高铁后又一个具有强大国际竞争力的产业。

（3）发展海洋交通运输业。紧跟"船舶大型化、航运深水化和运输集装箱化"的发展趋势，充分利用现代网络通信科学技术，完善基础设施建设和集疏运系统，与共建21世纪海上丝绸之路的国家建立良好的政治经济关系，利用我国大量的商品出口贸易需求，不断拓展业务范围，提高服务水平。

（4）发展海洋装备制造业和船舶修造业。随着我国海洋强国战略的实施，海洋经济的大幅发展，必将产生更大的航运相关产业需求。北部湾地区可以利用目前的海洋经济、海洋装备制造业和船舶修造业基础，进一步发展海洋装备制造业和船舶修造业。同时，利用我国快速发展的现代科技，不断开拓创新，抓住我国海洋装备制造业和船舶修造业需求上升期的机遇，快速拓展市场范围。

### 4．海洋文化资源和自然景观资源

（1）提升滨海旅游。完善北部湾地区海洋旅游基础配套设施，优化滨海旅游产业链条，提高旅游景点服务水平，大力培育高质量的旅游中介企业。依托海洋自然和人文景观，结合当地少数民族文化特色资源和邻近国家的异域风情要素，设计海洋旅游产品，打造经典海洋旅游品牌。

（2）发展海洋特色会展服务业。会展服务一般包括会议、展览、赛事和节庆。会展业属于商务服务业。按照《国民经济行业分类与代码》（GB/T 4754—2017），"会议、展览及相关服务（728）"属于服务业。由于旅游业与会展产业具有高度融合发展的趋势，因而北部湾地区滨海旅游业的发展，必将带动本地区的海洋会展服务业的发展。政府实现规划引导，行业组织进行协调，中介机构提供服务，金融市场提供支持，根据北部湾地区海洋产业发展的实际需求选择会展项目，突出会展业的海洋特色。发展会展业产业组织，创新会展运营模式，着力培育国际会展项目和品牌会展项目。

5. 现代海洋服务业

（1）发展涉海保险金融服务业。发挥我国互联网金融的优势，接轨国际市场，打造航运金融中心，开发适应性金融工具。发展多元险种，凸显信用保险的作用。

（2）大力发展海洋科研和教育服务业。根据北部湾地区现有海洋人力资源的状况，结合本地区海洋人力资源的需求，加强海洋人力资源引进和培养海洋教育人才，为海洋资源产业化发展提供人才和智力支持。为海洋资源产业发展配备合格的相关科研所研究人员、高校教育和科研人员、政府机关管理人员、企业高级技术人员等。科学进行海洋教育发展规划，联合周边国家，根据北部湾地区未来海洋经济产业发展趋势，确定不同学校的办学层次、规模、学科和专业，根据海洋资源产业发展需要不断创新供给高质量的人力资源。

6. 培育海洋战略新兴产业

（1）发展海洋生物医药业。海洋生物医药业主要包括海洋药物、海洋中药、基因工程药物、海洋功能食品、海洋生物医用材料等产业。海洋生物医药业是资本技术密集型产业，具有高投入、高风险、高回报等特点。该产业的良性发展需要建立由基础研究与技术开发到工程化、产业化发展的投融资机制和体系，其高投入和高风险主要集中在基础研究与技术开发到工程化的阶段。根据北部湾地区的经济实力，应鼓励该区科研院所主要利用国家的科研支持进行前期基础研究工作；对于有市场前景的科研成果，在技术开发到工程化阶段，主要争取各地区的科研资金支持；在产业化阶段，政府可以通过政策引导，鼓励企业采取金融机构贷款和引入风险投资等方式筹措资金。必须依托该区域特有海洋资源，发展该地区特色的海洋生物医药产业。

（2）发展海水综合利用业。加快发展海水直接利用产业，顺应全球趋势，发展大型化、资源可循环利用的海水淡化产业，引进消化吸收国际海水淡化技术，在此基础上不断创新，着力培育产业链上各环节中具有国际竞争力的核心企业。

（3）发展海洋可再生能源产业。海洋能通常是指海洋本身所蕴藏的能量，主要包括潮汐能、波浪能、温差能、盐差能、海流能和化学能。更广义的海洋可再生能源还包括海洋上空的风能、海洋表面的太阳能等。随着北部湾地区经济的发展，对于能源的需求量也将大幅增加。海洋可再生能源具有清洁、无污染、储量大、可再生等特点，开发海洋可再生能源可以缓解能源压力、改善能源结构，对于北部湾地区的发展具有重要的战略意义。

北部湾地区发展海洋可再生能源产业，要在国家海洋发展战略和环境评估达标的基础上，合理进行海洋空间规划，加强与国内和国际技术合作，根据本地区综合经济实力，以承接成熟海洋可再生能源技术产业化为主，加强海洋可再生能源人才梯队培养。打破行政区划，合作开发资源，通过政策扶持，推动海洋可再生能源开发与利用，实现海洋可再生能源产业布局合理化和结构优化，实现投资主体多元化，共同开发利用海洋可再生能源。

# 第二节　北部湾海洋资源产业化发展路径

## 一、北部湾海洋资源产业化发展策略系统结构模型解析

将前文北部湾海洋资源产业化发展策略集看作一个系统，按照整体优化的目标进行整合，得到的结果如表 6.1 所示。

表 6.1　北部湾海洋资源产业化发展策略整合

| 子系统发展策略 | 系统整合策略集 |
|---|---|
| 生物资源产业化发展策略 | 1. 开发特色生物资源；<br>2. 优势资源产业化发展规模化标准化定位，与加工、物流和旅游等服务业融合发展；<br>3. 没有优势的生物资源产业错位化发展 |
| 矿产资源资源产业化发展策略 | 4. 勘探石油、天然气等矿产资源开采；<br>5. 发展石油炼化加工业 |
| 自然地理资源产业化发展策略 | 6. 发展港口物流服务产业，打造临港产业供应链；<br>7. 发展海洋工程建筑业；<br>8. 海洋交通运输业；<br>9. 海洋装备制造业和船舶修造业 |
| 海洋文化资源和自然景观资源 | 10. 滨海旅游业；<br>11. 海洋特色会展服务业 |
| 现代海洋服务业 | 12. 涉海保险金融服务业；<br>13. 发展海洋科研和教育服务业 |
| 培育海洋战略新兴产业 | 14. 海洋生物医药业；<br>15. 海水综合利用业；<br>16. 海洋可再生能源产业 |

采用结构模型解析法对北部湾海洋资源产业化发展策略进行决策分析。

1. 建立北部湾海洋资源产业化发展策略邻接关系矩阵

以上所提出的策略构成策略全集。

$$N = \left\{ i \mid i = 1, 2, \cdots, 16 \right\} \qquad (6.1)$$

式中：$i$ 表示第 $i$ 个策略。

1——开发特色生物资源。

2——优势资源产业化发展规模化标准化定位，与加工、物流和旅游等服务业融合发展。

3——没有优势的生物资源产业错位化发展。

4——勘探石油、天然气等矿产资源开采。

5——发展石油炼化加工业。

6——发展港口物流服务产业，打造临港产业供应链。

7——发展海洋工程建筑业。

8——海洋交通运输业。

9——海洋装备制造业和船舶修造业。

10——滨海旅游业。

11——海洋特色会展服务业。

12——涉海保险金融服务业。

13——发展海洋科研和教育服务业。

14——海洋生物医药业。

15——海水综合利用业。

16——海洋可再生能源产业。

以上所提出的北部湾海洋资源产业化发展优化的策略，作用于同一系统，相互之间不是独立的，而是存在相互影响的关系，且重要性不同。因此，根据各策略之间的关系，建立邻接关系布尔矩阵如下：

$$\boldsymbol{A} = \left( a_{ij} \right)_{n \times n} \qquad (6.2)$$

其中：

$$a_{ij} = \begin{cases} 1 & \text{当}i\text{对}j\text{有影响时或}i\text{需要比}j\text{优先发展时} \\ 0 & \text{当}i\text{对}j\text{没有影响时或}j\text{需要比}i\text{优先发展时} \end{cases} \quad (i=j=1,2,\cdots,16) \quad （6.3）$$

表 6.2　发展策略关系表

| 系统整合策略集 | 1 | 2 | 3 | 4 | 5 | 6 | 7 | 8 | 9 | 10 | 11 | 12 | 13 | 14 | 15 | 16 |
|---|---|---|---|---|---|---|---|---|---|---|---|---|---|---|---|---|
| 1．特色生物资源产业 | 0 | 0 | 1 | 1 | 1 | 1 | 1 | 1 | 1 | 1 | 1 | 1 | 0 | 1 | 1 | 1 |
| 2．优势生物资源产业 | 1 | 0 | 1 | 1 | 1 | 1 | 1 | 1 | 1 | 1 | 1 | 1 | 0 | 1 | 1 | 1 |
| 3．没有优势的生物资源产业 | 0 | 0 | 0 | 1 | 0 | 0 | 0 | 0 | 1 | 0 | 0 | 0 | 0 | 1 | 1 | 1 |
| 4．勘探石油、天然气等矿产资源开采 | 0 | 0 | 0 | 0 | 0 | 0 | 0 | 0 | 0 | 0 | 0 | 0 | 0 | 0 | 0 | 0 |
| 5．发展石油炼化加工业 | 0 | 0 | 1 | 1 | 0 | 0 | 1 | 0 | 1 | 0 | 1 | 1 | 0 | 1 | 1 | 1 |
| 6．港口物流服务产业 | 1 | 0 | 1 | 1 | 1 | 0 | 1 | 1 | 1 | 1 | 1 | 1 | 0 | 1 | 1 | 1 |
| 7．发展海洋工程建筑业 | 0 | 0 | 1 | 1 | 0 | 0 | 0 | 0 | 1 | 0 | 1 | 0 | 0 | 1 | 1 | 1 |
| 8．海洋交通运输业 | 0 | 0 | 1 | 1 | 1 | 0 | 1 | 0 | 1 | 1 | 0 | 1 | 1 | 0 | 1 | 1 |
| 9．海洋装备制造业和船舶修造业 | 0 | 0 | 1 | 1 | 0 | 0 | 0 | 0 | 0 | 0 | 0 | 1 | 0 | 0 | 1 | 1 |
| 10．滨海旅游业 | 1 | 1 | 1 | 1 | 1 | 0 | 1 | 0 | 1 | 0 | 1 | 1 | 1 | 0 | 1 | 1 |
| 11．海洋特色会展服务业 | 0 | 0 | 1 | 1 | 0 | 0 | 0 | 0 | 1 | 0 | 0 | 0 | 0 | 1 | 1 | 1 |

| 系统整合策略集 | 1 | 2 | 3 | 4 | 5 | 6 | 7 | 8 | 9 | 10 | 11 | 12 | 13 | 14 | 15 | 16 |
|---|---|---|---|---|---|---|---|---|---|---|---|---|---|---|---|---|
| 12. 涉海保险金融服务业 | 0 | 0 | 1 | 1 | 0 | 0 | 1 | 1 | 1 | 0 | 1 | 0 | 0 | 1 | 1 | 1 |
| 13. 发展海洋科研和教育服务业 | 1 | 1 | 1 | 1 | 1 | 1 | 1 | 1 | 1 | 1 | 1 | 1 | 0 | 1 | 1 | 1 |
| 14. 海洋生物医药业 | 0 | 0 | 1 | 1 | 0 | 0 | 0 | 0 | 1 | 0 | 1 | 0 | 0 | 0 | 1 | 1 |
| 15. 海水综合利用业 | 0 | 0 | 1 | 1 | 0 | 0 | 0 | 0 | 0 | 0 | 1 | 0 | 0 | 1 | 0 | 1 |
| 16. 海洋可再生能源产业 | 0 | 0 | 1 | 1 | 0 | 0 | 0 | 0 | 0 | 0 | 0 | 0 | 0 | 1 | 0 | 0 |

各优化策略之间的关系分析如表 6.2 所示。根据各优化策略之间的关系分析结果，构建各优化策略的邻接关系矩阵如下：

$$A=\begin{array}{c} \\ 1\\ 2\\ 3\\ 4\\ 5\\ 6\\ 7\\ 8\\ 9\\ 10\\ 11\\ 12\\ 13\\ 14\\ 15\\ 16 \end{array}\begin{bmatrix} 0 & 0 & 1 & 1 & 1 & 1 & 1 & 1 & 1 & 1 & 1 & 1 & 0 & 1 & 1 & 1 \\ 1 & 0 & 1 & 1 & 1 & 1 & 1 & 1 & 1 & 1 & 1 & 0 & 1 & 1 & 1 & 1 \\ 0 & 0 & 0 & 1 & 0 & 0 & 0 & 0 & 1 & 0 & 0 & 0 & 0 & 1 & 1 & 1 \\ 0 & 0 & 0 & 0 & 0 & 0 & 0 & 0 & 0 & 0 & 0 & 0 & 0 & 0 & 0 & 0 \\ 0 & 0 & 1 & 1 & 0 & 0 & 0 & 0 & 1 & 1 & 1 & 0 & 0 & 1 & 1 & 1 \\ 1 & 0 & 1 & 1 & 1 & 0 & 1 & 1 & 1 & 1 & 1 & 0 & 1 & 1 & 1 & 1 \\ 0 & 0 & 1 & 1 & 0 & 0 & 0 & 0 & 1 & 0 & 1 & 0 & 0 & 1 & 1 & 1 \\ 0 & 0 & 1 & 1 & 1 & 0 & 1 & 0 & 1 & 0 & 1 & 1 & 1 & 0 & 1 & 1 \\ 0 & 0 & 1 & 1 & 0 & 0 & 0 & 0 & 0 & 1 & 0 & 0 & 1 & 1 & 1 & 1 \\ 1 & 1 & 1 & 1 & 1 & 0 & 1 & 1 & 1 & 0 & 1 & 1 & 0 & 1 & 1 & 1 \\ 0 & 0 & 1 & 1 & 0 & 0 & 0 & 0 & 0 & 0 & 0 & 1 & 0 & 1 & 1 & 1 \\ 0 & 0 & 1 & 1 & 0 & 0 & 1 & 1 & 1 & 0 & 1 & 0 & 0 & 1 & 1 & 1 \\ 1 & 1 & 1 & 1 & 1 & 1 & 1 & 1 & 1 & 1 & 1 & 1 & 0 & 1 & 1 & 1 \\ 0 & 0 & 1 & 1 & 0 & 0 & 0 & 0 & 1 & 0 & 1 & 0 & 0 & 0 & 1 & 1 \\ 0 & 0 & 1 & 1 & 0 & 0 & 0 & 0 & 0 & 0 & 1 & 0 & 0 & 1 & 0 & 1 \\ 0 & 0 & 1 & 1 & 0 & 0 & 0 & 0 & 0 & 0 & 0 & 0 & 0 & 1 & 0 & 0 \end{bmatrix} \qquad (6.4)$$

## 2. 计算发展策略集可达矩阵

可达矩阵是用矩阵形式来反映有向连接图各节点之间通过一定路径可以到达的程度。设 $M$ 为可达矩阵，将邻接矩阵 $A$ 加上单位矩阵 $I$ 构成一个新矩阵，新矩阵连乘，直到 $(I \cup A)^r = (I \cup A)^{r+1}$，则：$M = (I \cup A)^r$。经过运算可求得可达矩阵：

$$(I \cup A)^2 = (I \cup A)^3 \tag{6.5}$$

$$M = (I \cup A)^2 \tag{6.6}$$

$$M = \begin{array}{c} \\ 1 \\ 2 \\ 3 \\ 4 \\ 5 \\ 6 \\ 7 \\ 8 \\ 9 \\ 10 \\ 11 \\ 12 \\ 13 \\ 14 \\ 15 \\ 16 \end{array} \begin{array}{cccccccccccccccc} 1&2&3&4&5&6&7&8&9&10&11&12&13&14&15&16 \\ 0&0&1&1&1&1&1&1&1&1&1&1&0&1&1&1 \\ 1&0&1&1&1&1&1&1&1&1&1&1&0&1&1&1 \\ 0&0&0&1&0&0&0&0&1&0&0&0&0&1&1&1 \\ 0&0&0&0&0&0&0&0&0&0&0&0&0&0&0&0 \\ 0&0&1&1&0&0&1&0&1&0&1&0&1&0&1&1 \\ 1&0&1&1&1&0&1&1&1&1&1&1&0&1&1&1 \\ 0&0&1&1&0&0&0&0&1&0&1&0&0&1&1&1 \\ 0&0&1&1&1&0&1&0&1&1&0&1&1&0&1&1 \\ 0&0&1&1&0&0&0&0&0&0&1&0&0&1&1&1 \\ 1&1&1&1&1&0&1&0&1&0&1&1&1&0&1&1 \\ 0&0&1&1&0&0&0&0&1&0&0&0&0&1&1&1 \\ 0&0&1&1&0&0&1&1&1&0&1&0&0&1&1&1 \\ 1&1&1&1&1&1&1&1&1&1&1&1&1&1&1&1 \\ 0&0&1&1&0&0&0&0&1&0&1&0&0&0&1&1 \\ 0&0&1&1&0&0&0&0&0&0&1&0&0&1&0&1 \\ 0&0&1&1&1&0&0&0&0&0&0&0&0&1&0&0 \end{array} \tag{6.7}$$

## 3. 北部湾海洋资源产业化发展策略集可达矩阵分解

（1）区域分解。

通过分解将要素之间的关系分为可达与不可达，判断要素是否连通后，把系统分为有关系的几个部分。

$R(i)$——可达集，可达矩阵中第 $i$ 行中所有矩阵元素为 1 的列所对应的要素集合。

$$R(i) = \{ j \mid j \in N, \text{且} m_{ij} = 1, j = 1,2,\cdots,16\}\ i = 1,2,\cdots,16 \quad （6.8）$$

$A(i)$——先行集，可达矩阵中第 $i$ 列中所有矩阵元素为 1 的行所对应的要素集合。

$$A(i) = \{ j \mid j \in N, \text{且} m_{ji} = 1, j = 1,2,\cdots,16\}\ i = 1,2,\cdots,16 \quad （6.9）$$

分析后得可达集和先行集如表 6.3。

所有底层单元构成共同集 $T$，即

$$T = \{ i \mid i \in N, \text{且}\ R(i) \cap A(i) = A(i)\} \quad （6.10）$$

设已知 $u$、$v \in T$，若满足 $R(u) \cap R(v) = \Phi$，则 $u$、$v$ 两个单元分属两个不同区域。如 $R(u) \cap R(v) \neq \Phi$，则 u、v 两个单元同属一个区域。

由分析可知，没有 u、v $\in T$，$R(u) \cap A(v) \neq \Phi$，所以所有策略同属一个区域。

表 6.3　可达集和先行集

| $i$ | $R(i)$ | $A(i)$ | $R(i) \cap A(i)$ |
|---|---|---|---|
| 1 | 1，2，3，4，5，6，7，8 | 1 | 1 |
| 2 | 2，3，4，5，8 | 1，2，6 | 2 |
| 3 | 3，4，5，8 | 1，2，3，4，6 | 3，4 |
| 4 | 3，4，5，8 | 1，2，3，4，6 | 3，4 |
| 5 | 5，8 | 1，2，3，4，5，6 | 5 |
| 6 | 2，3，4，5，6，8 | 1，6 | 6 |
| 7 | 7，8 | 1，7 | 7 |
| 8 | 8 | 1，2，3，4，5，6，7，8 | 8 |

（2）级间分解。

将系统中所有要素以可达矩阵为准则，划分为不同的级次。级间分解公式为：

$$L_i = \{ i \,|\, i \in N, \text{且 } R(i) \cap A(i) = R(i)\} \qquad （6.11）$$

由分析得到级间分解结果为：

$$
\begin{aligned}
L_1 &= \{8\} \\
L_2 &= \{5,7\} \\
L_3 &= \{3,4\} \\
L_4 &= \{2\} \\
L_5 &= \{6\} \\
L_6 &= \{1\}
\end{aligned}
\qquad （6.12）
$$

根据级间分解结果，将可达矩阵按照战略级别重新排序，得：

$$
M=
\begin{array}{c}
\ \\
1\\2\\3\\4\\5\\6\\7\\8\\9\\10\\11\\12\\13\\14\\15\\16
\end{array}
\begin{array}{c}
\begin{array}{cccccccccccccccc}
1&2&3&4&5&6&7&8&9&10&11&12&13&14&15&16
\end{array}\\
\left[
\begin{array}{cccccccccccccccc}
0&0&1&1&1&1&1&1&1&1&1&1&0&1&1&1\\
1&0&1&1&1&1&1&1&1&1&1&1&0&1&1&1\\
0&0&0&1&0&0&0&0&1&0&0&0&0&1&1&1\\
0&0&0&0&0&0&0&0&0&0&0&0&0&0&0&0\\
0&0&1&1&0&0&1&0&1&0&1&1&0&1&1&1\\
1&0&1&1&1&0&1&1&1&1&1&1&0&1&1&1\\
0&0&1&1&0&0&0&0&1&0&1&0&0&1&1&1\\
0&0&1&1&1&0&1&0&1&1&0&1&1&0&1&1\\
0&0&1&1&0&0&0&0&0&0&1&0&0&1&1&1\\
1&1&1&1&1&0&1&0&1&0&1&1&1&0&1&1\\
0&0&1&1&0&0&0&0&1&0&0&0&0&1&1&1\\
0&0&1&1&0&0&1&0&1&0&1&0&0&1&1&1\\
1&1&1&1&1&1&1&1&1&1&1&1&1&1&1&1\\
0&0&1&1&0&0&0&0&1&0&1&0&0&0&1&1\\
0&0&1&1&0&0&0&0&0&0&1&0&0&1&0&1\\
0&0&1&1&0&0&0&0&0&0&0&0&0&1&0&0
\end{array}
\right]
\end{array}
\qquad （6.13）
$$

**4. 求解北部湾海洋资源产业化发展策略集结构矩阵**

结构矩阵是指策略单元之间客观存在的层次、因果关系矩阵。

去掉反身关系，得矩阵如 6.14。

去掉传递关系，得结构矩阵如 6.15。

$$M=\begin{array}{c|cccccccccccccccc}
 & 1 & 2 & 3 & 4 & 5 & 6 & 7 & 8 & 9 & 10 & 11 & 12 & 13 & 14 & 15 & 16 \\
\hline
1 & 0 & 0 & 1 & 1 & 1 & 1 & 1 & 1 & 1 & 1 & 1 & 1 & 1 & 0 & 1 & 1 \\
2 & 1 & 0 & 1 & 1 & 1 & 1 & 1 & 1 & 1 & 1 & 1 & 1 & 1 & 0 & 1 & 1 \\
3 & 0 & 0 & 0 & 1 & 0 & 0 & 0 & 0 & 1 & 0 & 0 & 0 & 0 & 0 & 1 & 1 \\
4 & 0 & 0 & 0 & 0 & 0 & 0 & 0 & 0 & 0 & 0 & 0 & 0 & 0 & 0 & 0 & 0 \\
5 & 0 & 0 & 1 & 1 & 0 & 0 & 1 & 0 & 1 & 0 & 1 & 1 & 0 & 1 & 1 & 1 \\
6 & 1 & 0 & 1 & 1 & 1 & 0 & 1 & 1 & 1 & 1 & 1 & 1 & 0 & 1 & 1 & 1 \\
7 & 0 & 0 & 1 & 1 & 0 & 0 & 0 & 0 & 1 & 0 & 1 & 0 & 0 & 1 & 1 & 1 \\
8 & 0 & 0 & 1 & 1 & 1 & 0 & 1 & 0 & 1 & 1 & 0 & 1 & 1 & 0 & 1 & 1 \\
9 & 0 & 0 & 1 & 1 & 0 & 0 & 0 & 0 & 0 & 0 & 1 & 0 & 0 & 1 & 1 & 1 \\
10 & 1 & 1 & 1 & 1 & 1 & 0 & 1 & 0 & 1 & 0 & 1 & 1 & 1 & 0 & 1 & 1 \\
11 & 0 & 0 & 1 & 1 & 0 & 0 & 0 & 0 & 1 & 0 & 0 & 0 & 0 & 1 & 1 & 1 \\
12 & 0 & 0 & 1 & 1 & 0 & 0 & 1 & 1 & 1 & 0 & 1 & 0 & 0 & 1 & 1 & 1 \\
13 & 1 & 1 & 1 & 1 & 1 & 1 & 1 & 1 & 1 & 1 & 1 & 1 & 1 & 1 & 1 & 1 \\
14 & 0 & 0 & 1 & 1 & 0 & 0 & 0 & 0 & 1 & 0 & 1 & 0 & 0 & 0 & 1 & 1 \\
15 & 0 & 0 & 1 & 1 & 0 & 0 & 0 & 0 & 0 & 0 & 1 & 0 & 0 & 1 & 0 & 1 \\
16 & 0 & 0 & 1 & 1 & 0 & 0 & 0 & 0 & 0 & 0 & 0 & 0 & 0 & 1 & 0 & 0 \\
\end{array} \tag{6.14}$$

$$M=\begin{array}{c|cccccccccccccccc}
 & 1 & 2 & 3 & 4 & 5 & 6 & 7 & 8 & 9 & 10 & 11 & 12 & 13 & 14 & 15 & 16 \\
\hline
1 & 0 & 0 & 1 & 1 & 1 & 1 & 1 & 1 & 1 & 1 & 1 & 1 & 1 & 0 & 1 & 1 \\
2 & 1 & 0 & 1 & 1 & 1 & 1 & 1 & 1 & 1 & 1 & 1 & 1 & 1 & 0 & 1 & 1 \\
3 & 0 & 0 & 0 & 1 & 0 & 0 & 0 & 0 & 1 & 0 & 0 & 0 & 0 & 1 & 1 & 1 \\
4 & 0 & 0 & 0 & 0 & 0 & 0 & 0 & 0 & 0 & 0 & 0 & 0 & 0 & 0 & 0 & 0 \\
5 & 0 & 0 & 1 & 1 & 0 & 0 & 1 & 0 & 1 & 0 & 1 & 1 & 0 & 1 & 1 & 1 \\
6 & 1 & 0 & 1 & 1 & 1 & 0 & 1 & 1 & 1 & 1 & 1 & 1 & 0 & 1 & 1 & 1 \\
7 & 0 & 0 & 1 & 1 & 0 & 0 & 0 & 0 & 1 & 0 & 1 & 0 & 0 & 1 & 1 & 1 \\
8 & 0 & 0 & 1 & 1 & 1 & 0 & 1 & 0 & 1 & 1 & 0 & 1 & 1 & 0 & 1 & 1 \\
9 & 0 & 0 & 1 & 1 & 0 & 0 & 0 & 0 & 0 & 0 & 1 & 0 & 0 & 1 & 1 & 1 \\
10 & 1 & 1 & 1 & 1 & 1 & 0 & 1 & 0 & 1 & 0 & 1 & 1 & 1 & 0 & 1 & 1 \\
11 & 0 & 0 & 1 & 1 & 0 & 0 & 0 & 0 & 1 & 0 & 0 & 0 & 0 & 1 & 1 & 1 \\
12 & 0 & 0 & 1 & 1 & 0 & 0 & 1 & 1 & 1 & 0 & 1 & 0 & 0 & 1 & 1 & 1 \\
13 & 1 & 1 & 1 & 1 & 1 & 1 & 1 & 1 & 1 & 1 & 1 & 1 & 1 & 1 & 1 & 1 \\
14 & 0 & 0 & 1 & 1 & 0 & 0 & 0 & 0 & 1 & 0 & 1 & 0 & 0 & 0 & 1 & 1 \\
15 & 0 & 0 & 1 & 1 & 0 & 0 & 0 & 0 & 0 & 0 & 1 & 0 & 0 & 1 & 0 & 1 \\
16 & 0 & 0 & 1 & 1 & 0 & 0 & 0 & 0 & 0 & 0 & 0 & 0 & 0 & 1 & 0 & 0 \\
\end{array} \tag{6.15}$$

　　根据北部湾海洋资源产业化发展策略集的结构矩阵，可以画出北部湾海洋资源产业化发展策略集多级递阶结构，如图 6.1 所示。

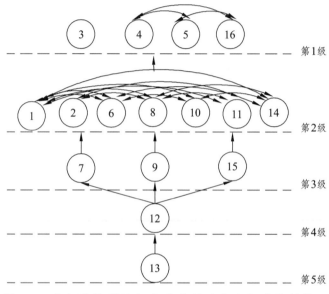

图 6.1　北部湾海洋资源产业化策略集多级递阶结构图

# 二、北部湾海洋资源产业化发展路径

## 1. 北部湾海洋资源产业化发展策略层级关系分析

　　以上提出的北部湾海洋资源产业化发展策略不是相互独立的，而是存在着多级递阶关系。系统结构模型解析法分析的结果表明，北部湾海洋资源产业化发展策略总共分为 5 个级次。

　　第 1 层级策略是策略 3，4，5，16。

　　第 2 层级策略是策略 1，2，6，8，10，11，14。

　　第 3 层级策略是策略 7，9，15。

　　第 4 层级策略是策略 12。

　　第 5 层级策略是策略 13。

### 2. 北部湾海洋资源产业化发展路径建议

知识经济时代，人力资源是各地经济发展的主要动力源泉。第一，北部湾海洋资源产业化发展的首要任务是发展海洋教育，为该地区海洋资源产业的发展提供人力资源。

第二，资金是经济发展的基础，北部湾应该大力促进涉海金融业的创新和发展，为该地区资源的产业研究和发展提供资金支持。此外，北部湾地区地处我国东南沿海，该地区经济具有联系内陆地区、外向发展的特点，在经济发展过程中，一些国际政治冲突引发的我国对外经济贸易关系变化等系统风险，以及该地区沿海自然气候变化、多民族的社会和文化因素等随机因素也会对产业发展产生较大的冲击，所以该地区还需因地制宜积极开展保险业务，为该地区海洋资源产业发展提供保障。

第三，将需要海岸线资源的产业——海水综合利用业、海洋装备制造业和船舶修造业及海洋工程建筑业合并统筹，进行合理海岸线分配和产业空间布局。对该地区海洋资源产业进行合理规划制定发展策略既要结合各个产业科学技术的发展和社会需求预测，又要为科技和需求的未来变化留出余地。

第四，结合海洋生物医药业科技发展，按照海洋生物医药科技需求开发特色生物资源；优势资源产业化发展规模化标准化定位，与加工、贸易、港口物流服务产业相融合，联合海洋交通运输业，打造临港产业供应链，建设临港产业区。按照全局旅游的概念，将滨海区域相关产业和旅游等服务业融合发展，促进滨海旅游业和海洋特色会展服务业。

第五，尽早勘探石油、天然气等矿产资源，与海洋可再生能源产业及石油炼化加工业一起进行统筹规划，确定该地区未来能源产业的发展战略，制定能源产业发展策略。对于不具有优势的生物资源产业，发挥创新性思维，错位化发展，寻找市场机会，并有规划、有步骤地逐步退出。

# 第三节　北部湾海洋资源产业化发展保障措施

## 一、强化海洋执法管控能力

我国现行海洋资源法律法规体系主要包括 7 个部分。

### 1. 宪法

宪法主要规定国家在合理开发、利用、保护、改善环境和自然资源方面（包括海洋资源）的基本职责（即基本权利和义务）、基本政策以及单位和公民在这方面的权利和义务等。宪法是国家的根本大法，宪法中有关海洋资源保护的规定具有指导性、原则性和政策性，构成我国海洋资源法体系的法律基础。

### 2. 海洋资源法律

海洋资源法律是指由全国人民代表大会及其常务委员制定的有关合理开发、利用、保护和改善海洋资源方面的法律。我国目前没有以直接保护海洋资源为名义的法律，但是很多资源方面的法律都涉及海洋资源，如《中华人民共和国渔业法》《中华人民共和国矿产资源法》《中华人民共和国野生动物保护法》《中华人民共和国土地管理法》。

### 3. 海洋资源行政法规

海洋资源行政法规是指由国务院制定的有关合理开发、利用、保护和改善海洋资源方面的行政法规，如《中华人民共和国渔业法实施细则》《中华人民共和国陆生野生动物保护实施条例》《中华人民共和国水生野生动物保护实施条例》《中华人民共和国野生植物保护条例》等。

### 4. 地方海洋资源法规

地方海洋资源法规是指由各省、自治区、直辖市和其他依法有地方法规制定权的地方人民代表大会及其常务委员会制定的有关合理开发、利用、保护和改善海洋资源的地方法规，如《江苏省海岸带管理条例》《青岛近岸海域环境保护规定》《广东省渔港管理条例》等。

### 5. 海洋资源行政规章

海洋资源行政规章是指国务院所属各部、委和其他依法有行政规章制定权的国家行政部门制定的有关合理开发、利用、保护和改善海洋资源方面的行政规章，如《渔业作业避让暂行条例》《长江渔业资源管理规定》《开采海洋石油资源缴纳矿区使用费的规定》等。

### 6. 地方海洋资源行政规章

地方海洋资源行政规章，是指由各省、自治区、直辖市和其他依法有地方行政规章制定权的地方人民政府制定的有关合理开发、利用、保护和改善海洋资源方面的地方行政规章，如《天津市海域环境保护管理办法》《河北省近岸海域环境保护暂行办法》等。

### 7. 其他海洋资源规范性文件

其他海洋资源规范性文件，是指除上述 6 类外，由县级以上人民代表大会及其常务委员会、人民政府依照宪法、法律的规定制定的有关合理开发、利用、保护和改善海洋资源方面的规范性文件。

政府应做到完善海洋执法机制，围绕改变多头管理现状、提高海洋行政执法效能的目标，在国家层面设立专门的海洋行政管理机构，统一行使海洋管理职能，各级地方政府成立相应机构，建立包括各行业、各产业的协调机制，做到权责明确、运转顺畅。合并海洋资源和环境保护行政职能，将其纳入国家统一的综合管理体系。加强海洋执法队伍建设，加强执法人员的专业技能培训和素质建设，打造一支作风优良、专业突出、素质较高的海洋执法队伍。加强法律救济制度建设，针对海洋经济发展过程中的权益保护、海洋环境保护等问题加强法律救济制度建设，明确相关内容和程序，加强和解协议执行机构建设，预防与惩戒破坏海洋经济发展的行为，推动海洋经济健康协调可持续发展。

## 二、推进海洋经济运行监测与评估

《全国海洋经济发展"十三五"规划》提出要"加强海洋经济监测与评估，提升海洋经济管理的能力和水平"，大力提升海洋经济运行监测与评估的信息化水平成为新时代海洋经济管理领域的一项重要基础能力建设工作。通过海洋经济运行监测与评估系统的建设，首先，能够提升海洋经济信息的监测能力，改进海洋经济信息的获取方式，实现各类制度统计数据和重点涉海企业数据直接网络报送，提高海洋统计数据时效和质量，实现范围覆盖国家、海区、沿海地区、沿海城市 4 个层级，形成对海洋经济信息的采集、存储、开发的有效管理和服务。其次，能够提高对海洋经济的综合评估能力，提高海洋经济评估产品维度和深度。海洋经济评估内容涉及海洋经济统计分析、海洋类指数、海洋经济发展预测、海洋经济运行预警等多个领域，能增强各级政府宏观调控海洋经济的能力。最后，能够增强海洋经济信息服务能力，实现海洋经济信息的综合服务功能，提供多种形式的海洋经济监测与评估产品，增强向科研机构及社会公众提供海洋经济基本信息的能力。目前，在体制机制方面，上下联动的海洋经济信息化建设管理机制有待加强，各级海洋经济管理部门之间的信息交互方式还比较落后；在海洋经济信息化标准规范方面，国家和省级系统间缺少统一的数据库建库标准和编码体系，对业务系统整合和数据共享问题考虑较少，导致各级海洋经济管理部门间系统和信息封闭，信息共享困难；在涉海部委数据共享方面，虽然取得了一定进展，但受部门、地区、层级间共享壁垒的限制，业务协同渠道不畅通，尚未建立起信息资源共享交换平台；在系统开发与应用方面，数据管理、统计分析、评估应用、辅助决策等功能还需不断改进与完善，关键技术研发有待加强。目前采用的统计分析方法还比较单一，数据中潜在的有价值的信息尚未得到充分发挥和利用，对数据的深度挖掘和利用水平不高，预测预警系统功能还比较欠缺，基于大数据的统计分析与预测预警能力有待提升。

## 三、优惠税收政策引导

由于相关税收政策的边际效应随时间推移递减，所以产业经营主体对相关税收政策需做出理性调整。我国海洋税收政策在短期内对海洋三次产业结构具有调整效应，并呈现出波动性趋势，但长期影响较小。北部湾地区应该采取适当优惠的税收政策来调整海洋三次产业的整体结构，并关注税收政策的实施效果。制定完善的税收优惠体系，引导和鼓励企业参与海洋经济建设，支持鼓励海洋经济的相关行业发展，加快绿色税制建设，促进沿海合理开发，在现有税收优惠政策的基础上，发挥税收对产业的引导作用。

## 四、多方筹措资金

采取"政府引导、市场运作、统筹优化"的金融支持策略，建立符合广西海洋经济未来发展战略的金融支持体系。

1. 完善海洋经济的投融资体制

首先，在钦州、北海和防城港规模以上的金融机构成立专门的海洋经济金融服务部门，针对广西海洋经济中传统优势产业以及海洋新兴产业分门别类地设立服务机构，这样有利于积累当地海洋经济产业特点的数据信息以及融资需求。其次，不同产业采取不同的投融资支持方式。根据《广西海洋经济可持续发展"十三五"规划》的要求，加大对现代特色海洋渔业以及南海外海和越洋捕捞、水产品冷链物流项目的信贷支持，通过政府财政资金引导、信贷支持的方式重点培育海洋生物医药、海洋工程装备制造等海洋新兴产业。对于滨海旅游业以及海洋相关服务业可创新市场化投融资体制，通过设立海洋产业发展基金、引入社会资本等方式加强基础设施建设。最后，围绕建设区域性国际航运中心的目标发展航运金融、创新涉海套期保值金融工具。

2. 银行业创新涉海信贷产品，优化信贷结构

要提高广西海洋产业规模化程度，必然要通过金融杠杆进行集群化整合。银行业金融机构创新涉海信贷产品和服务有效加强海洋资源整合，提高海洋产业竞争力。首先，开展产业链融资。对于海洋产业中的核心企业及其相互协作的上下游企业，提供系统性融资安排，配合银行承兑汇票将银行信用融入整个产业链中，解决中小型海洋企业融资难的问题。其次，拓宽抵押产品范畴，积极探索开展海域、海岛使用权抵押贷款业务，明确海域、海岛使用权抵押贷款范畴、申请条件以及抵押程序。推动在建船舶、远洋船舶、渔船、水产品、船坞等资产抵押贷款服务，解决涉海企业融资贵的问题。第三，发展金融租赁业务。有条件的大型金融机构和船舶企业可设立金融租赁公司，支持海洋工程装备企业以及港口码头建设的设备融资。

### 3. 培育多层次资本市场，创新融资渠道

首先，推动涉海企业上市融资，通过培育发展前景好的高成长性企业，争取在中小企业股份转让系统中上市交易。加快北部湾股权交易所的发展，完善券商及中介机构参与机制，增加挂牌企业数量和融资规模。其次，完善债券市场，支持涉海企业资产证券化、发行中小企业私募债、并购私募债、境外人民币债券等，拓宽直接融资渠道。最后，鼓励股权投资基金及创业投资基金发展，创新投资风险补偿及退出机制。

### 4. 增加保险补贴力度，探索建立多种保险机制

专业化和规模化是传统海水养殖业转型升级的必然道路，而这离不开海洋渔业保险的支持。因此，地方政府应加大渔业保险补贴力度，发展渔船、渔工等互助保险，并在此基础上，积极探索建立海洋巨灾保险以及再保险机制。除此之外，增设保险机构，吸引经营水平高和专业性强的海洋保险法人机构在广西设立区域性总部和培训基地。增强海洋保险市场活力，延展保险服务内容。另外，广西海洋保险服务还应完善丰富航运保险、旅游特色保险以及涉海企业贷款保证保险等品种，全方位为海洋产业提供保障服务。

### 5. 海洋人才培养和引进

北部湾地区海洋资源产业化人才，一方面依靠自身能力进行培养，另一方面通过从区外或国外进行人才引进。要采用多层次海洋经济人才培养模式：推进中小学基础海洋科技通识教育；开展海洋知识普及宣传，举办海洋主题科普活动，鼓励海洋科技人才从事海洋科普活动，提高全民海洋意识；鼓励更多有能力的高等院校设置海洋学科和专业，建立健全海洋课程体系，促进海洋经济教学与实践需求对接；建设海洋经济知识继续教育培训体系，制定海洋行业继续教育规划和实施办法；鼓励海洋经济相关专业

毕业生到一线地区和实践岗位实习与工作；为富有创新精神、具备发展潜力的青年海洋经济人才提供独立负责项目、承担重要课题、参与国际交流合作的机会，加快青年海洋经济人才成长。

积极推动产学研合作培养创新型人才，鼓励涉海企业与高等院校、科研院所对接，建立各类科技创新平台；制定高等院校、科研院所、企业高层次人才双向交流任职制度，推行产学研联合培养研究生的"双导师"制；对重大海洋科技项目明确产学研合作要求，共同实施、管理项目，实行"人才 + 项目"的模式，在实践中培养和集聚海洋科技人才。整合优化全市海洋科研院所的布局和结构，设立高层次综合性海洋经济研究机构。

# 第七章　北部湾海洋资源产业化发展人才培育探索

　　海洋为人类经济社会发展提供了不可或缺的重要资源和可扩展的战略空间，充分利用和保护海洋资源，是目前人类一项重大而严峻的任务。作为海洋大国，中国主张管辖海域有 300 万平方千米、大陆海岸线长达 18 000 千米。21 世纪是海洋的世纪，建设海洋强国已成为我国新世纪的历史任务。习近平总书记在党的十九大报告中明确要求"坚持陆海统筹，加快建设海洋强国"，而建设海洋强国的根本保证，就是培养造就海洋人才大军并形成合理的人才梯队。

　　北部湾作为中国海洋资源的重要组成部分，有着重要的战略位置，它位于中国南海的西北，通过琼州海峡与南海相通，地理位置十分重要，是我国推动共建 21 世纪海上丝绸之路的重要节点。这里冬季气温在 10℃以上，鱼类等海洋物产丰富，临岸与越南接壤，是我国西南地区发展向海经济的重要通道，也是大西南地区出入南海的最近通路。

　　作为一个海洋大国，我国对海洋人才的需求量巨大，由于早期海洋经济并未成为我国经济发展的重点发展方向，所以目前海洋人才的培养和实际海洋人才的需求存在着一定的差距。近年来，习近平总书记提出要大力发展海洋经济，为加快海洋建设为人才的培养和提升指明了方向。目前，我国已经培养出了自己的海洋人才，其中涉及 20 多个有关海洋和海洋经济的部门，全国有 260

多家高校和科研单位为我国海洋人才的培育贡献力量。当前我国的海洋人才涉及海洋的各个领域，素质层次也在逐年提高，队伍正向年轻化、高素质化发展，已经形成了初具规模的人才队伍。但是由于我国的海岸线长，海洋资源丰富，海洋物产和经济的发展尚需更多的人才。2010 年，我国总海洋人才资源人数达到 201 万人，其中专业技术人员共有 137 万人，但中国工程院院士和中国科学院院士涉海人才有 50 多位。这些数字对于一些小国家或是海洋资源并不丰富的国家来说，已是一个足够庞大的数据，然而对于我国来说仍远远不够；同时海洋人才在结构、布局等方面还存在一定的问题，海洋高层次人才仍然紧缺，海洋某些急需型人才需求仍较难得到满足。为此，加快海洋人才的培养，提高现有海洋人员从业素质，充分发挥现有海洋从业人员的潜力，正确处理海洋事业发展需求与海洋人才培养的关系，对系统谋划和统筹海洋人才发展提出了严峻挑战。《全国海洋人才发展中长期规划纲要》列出了 2010 年全国海洋人才资源现状和 2020 年和发展目标，如表 7.1 所示。

表 7.1　全国海洋人才资源十年发展目标

| 指标 | 2010 年 | 2020 年 |
|---|---|---|
| 海洋人才资源总量/万人 | 201.1 | 400 |
| 海洋专业技术人才/万人 | 137.3 | 314 |
| 海洋技能人才/万人 | 58.7 | 79 |
| 海洋管理人才/万人 | 5.1 | 7 |
| 海洋人才占海洋产业就业人员的比例 | 20.3% | 35% |
| 本科以上学历占海洋产业就业人员的比例 | 14.2% | 30% |

从《全国海洋人才发展中长期规划纲要》中可以看出我国海洋人才缺口相当大，构建合理的人才梯度任务艰巨，海洋人才总

量要在十年间完成近 200 万的增长量。目前我国海洋人才培养的高校和研究所仅有 260 多家，而在海洋专业技术人才的培养上，需要增加约 180 万人，单纯地靠高校的培养很难完成，所以需要多方向、多角度地培养人才。在一个高素质的海洋人才的队伍中，海洋技能人才和管理人才是提高海洋科技含量和管理水平的重要支撑点，我国需要不断地努力提高海洋科技和海洋管理人才的素质。

北部湾处于大西南经济圈、泛珠三角经济圈、东盟经济圈结合部，是广西、广东、海南大力发展海洋事业、加强与东盟对外开放合作的龙头地带。随着"一带一路"倡议的顺利推进和中国东盟自贸区的成功打造升级以来，海洋产业已经成为粤桂琼重点扶持的支柱产业之一，北部湾背靠大西南、毗邻粤港澳、面向东南亚的特殊地理区位，使海洋成为其经济、政治、文化和生态文明建设的重要内容，大力发展向海经济，拓展蓝色空间已经成为北部湾实现可持续发展的必然要求。2017 年 1 月，国务院正式印发《北部湾城市群发展规划》，北部湾城市群上升为国家战略。

优越的区位优势为北部湾经济区海洋产业竞争力的提升提供了良好的前提和保障。但同时也存在着一些问题，北部湾经济区海洋产业依旧处于发展初期，产业结构亟待优化和调整。《2016 年广西海洋经济统计公报》显示，北部湾经济区海洋第一产业、第二产业和第三产业增加值分别为 200 亿元、433 亿元和 600 亿元，占海洋生产总值的比重分别为 16.2%、35.1% 和 48.7%。数据表明，北部湾经济区海洋产业依旧依靠传统的海洋产业，相较于天津、广东、上海和河北，北部湾经济区第一产业比重偏高。海洋可持续能源业、海洋生物医药业、海水综合利用业等新兴海洋产业占比较小，尚未形成集聚规模。旅游改造工程持续推进，游景区标准化建设取得显著成效，滨海旅游已然成为北部湾重要的支柱产业之一。

针对北部湾海洋资源产业化发展的需要，需要一批能够推动北部湾海洋资源产业化的发展的高水平应用型人才，既要能服务于传统的海洋产业，也要能够推动新兴产业的发展。同时，需要一批海洋技术人员、旅游管理人员、港口物流管理人员以及新业产业的技术人员。

# 一、北部湾产业发展人才需求情况

目前北部湾海洋产业化发展人才需求情况分析如下。

## 1. 渔业

北部湾海洋产业中的渔业产值每年都会有明显的增长，以2016年数据为例，全年渔业经济总产值约607.92亿元，比2015年增长6.48%。渔民人均纯收入突破2万元，比2015年约增长6.8%。北部湾地区现有海洋渔业乡镇5个，主要分布在钦州、北海、防城港；有渔业村110个，渔民家庭64 828户，海洋渔业从业人员257 523人，捕捞专业从业人员38 393人。这些捕捞专业人员多以家庭为单位从事生产和捕捞，专业化程度较低，从业人员的学历较低，部分人员甚至没有上学的经历，大多是因祖辈打鱼为生从而继承下来。这些渔业的从业者，专业素质普遍较低，大部分是没有受过专业技能训练的普通渔民，他们对先进捕捞技术和水产养殖规律的认识，多以先辈积累的经验为主，这直接影响了北部湾海洋渔业的生产和发展。

## 2. 水产养殖

北部湾海洋产业中，水产养殖是重要的一环，因为北部湾海洋地理条件较好，温度适宜，适合各类海洋生物的养殖。2016年广西水产品总产量361.77万吨，比2015年增长4.58%。其中海水养殖产量121.45万吨，增长6.33%。从生产结构看，养殖产量

281.44 万吨、捕捞产量 80.33 万吨，分别占总产量的 77.9%和22.1%；从产品结构看，海水产品 187.31 万吨、淡水产品 174.44万吨，分别占总产量的 51.78%和48.22%。

发展现代科技水产养殖，需要水产养殖的专业人才，只有持续培养水产养殖的专业人才，才能让水产养殖产业持续发展。而当前北部湾产业区的水产养殖产业的专业人员仍比较缺乏，这为水产养殖产业的发展带来一定的影响。

### 3. 海洋工程

目前全国性的海洋工程类的人才都存在比较大的缺口，北部湾海洋经济区的海洋工程类人才缺口更大。全国每年培养 2 000多名海洋工程类人才，但是就业从事海洋工程专业的人并不多，大多数毕业生选择了其他的就业方向。海洋工程主要包括海洋工程建筑、海洋交通运输、海洋造船、海洋矿业、海洋化工、海洋油气、盐业等方面，这些方向对专业技能要求高，专业化程度高，并且需要长期的从事海上活动，相对较为辛苦，此类人才的需求量还会随着海洋产业的发展进一步增加。

### 4. 海洋休闲运动

北部湾地区冬季气温适宜，可以发展近海旅游产业，在一定条件下推广海洋休闲运动，构建优质的海洋运动环境，提升海洋运动体验。目前，在北部湾地区有不少旅游公司在推广近海旅游，他们依托当地的一些渔民，主要开展近海观光业务，缺少休闲运动项目的开发，很难吸引客人，大多客人都是尝试一次即止。这方面的人才目前几乎没有，对这类人才的培养也很少。大多从业人员都出身旅游专业，缺少关于海洋的专业知识，所以近海休闲运动还需培养专业的人才，从而推动近海旅游项目的开发。

由以上分析可以看出，北部湾经济海洋人才在各个方向上仍比较缺乏，应该有针对性地引进或是培养。

## 二、北部湾海洋人才发展限制

由于种种原因，海洋人才在北部湾经济区的落户和发展存在一定的问题，具体来说主要有以下三个方面。

### 1. 人才聚集受到经济基础限制

北部湾经济区主要以广西壮族自治区为主，经济发展欠发达，虽然地理条件和广东沿海相似，但是由于历史原因，目前的发展和东部发达地区差距还比较大，因此对于人才的吸引力不高。本地企业所能给出的待遇条件、硬件配备和个人发展机遇都远不能和东部沿海城市相比，这造成了本地企业很难聚集到高层次的人才，特别是稀缺的海洋人才。同时，本地的人才相对大量流失，大部分的人才更希望能够在经济发达地区就业，选择在东南沿海的城市生活。资料显示，本地的学生在外地学成后回到本地就业和工作的人数相对较少，这就形成了本地人才不回来，外地人才引进不来的局面，而这些都是由经济基础决定的，因此较为落后的经济基础直接影响了北部湾经济区的海洋人才现状。

### 2. 人才结构不完善

从目前北部湾经济区的海洋人才现状看，人才结构存在着一定的问题，低端人才充裕，而复合型、专业型、创新型的高层次人才缺乏，学术型和技能型人才严重缺乏，这对北部湾的发展非常不利。人才的缺乏使北部湾的海洋资源不能得到充分的利用，港口物流、近海运动休闲、水产养殖等产业都受到较大的影响，对外开放相关的经济发展也受到限制，当前只能发展捕捞渔业等技术性不强的项目。目前，专业的海洋人才都集中在政府事业单位或是机关部门中，在基层、企业、海洋第一线工作的海洋技能型人才数量相对较少。特别是北部湾相关的海洋产业中，专业技能型人才稀缺，专门的海洋管理型人才少之又少，高素质、职业化海洋管理人才缺口较大，直接影响了北部湾经济区海洋相关产业链的发展，不利于北部湾经济区发展向海经济的进一步开展，急需高层次、高素质的海洋人才加入。

### 3. 人才队伍综合水平较低

北部湾经济地区位于我国的西南地区，因地域、历史等原因，目前经济发展相对落后，对人才的吸引力不足，区域人才流失也较为严重。根据相关统计数据显示，北部湾经济区中接受过高等教育的人所占比例较少，到 2016 年底统计仅有 0.25% 的人接受过高等教育，因此，仅靠当地的人才来补充海洋人才的缺口不太现实，北部湾经济区需要储备海洋人才。目前北部湾经济区也有一部分受过专业教育的海洋人才，这些得益于现阶段我国大力发展的职业教育体系，因此，北部湾海洋人才结构当前呈现出技术性人才较多，高层次的、管理型的人才较少，本科及以上的海洋人才所占比例较低的态势，还应该加强高层次、高素质人才的引进和培养。当前北部湾经济区技能型人才队伍基本完善，急需高层次的、高素质的海洋管理人才和科研人员，只有加强人才队伍的梯队建设，才能充分利用北部湾经济区的各类海洋资源，发展向海经济。

由以上分析可以看出北部湾经济区的海洋人才需求是全面的、多方位的，各个领域都需要海洋人才，特别是需要一些高层次、高素质的海洋管理和科研人才。受制于历史、经济等原因，目前还很难满足北部湾经济区海洋人才的需求，仍需要政府和高校进一步合作，提高对人才的吸引力和培养效率。

## 三、北部湾海洋资源产业化发展人才素质要求

广西北部湾经济区经济发展规划指出：北部湾经济区功能定

位是立足北部湾、服务"三南"(西南、华南和中南)、沟通东中西、面向东南亚,充分发挥连接多区域的重要通道、交流桥梁和合作平台作用,以开放合作促开发建设,努力建成中国—东盟开放合作的物流基地、商贸基地、加工制造基地和信息交流中心,成为带动、支撑西部大开发的战略高地和开放度高、辐射力强、经济繁荣、社会和谐、生态良好的重要国际区域经济合作区。

从国家的指导方针中可以看出海洋资源和产业在北部湾经济区的重要性。要实现国家对北部湾经济区的发展规划目标,是一个艰巨而伟大的任务,是一个复杂的系统工程,需要环境因素的支持和多方面的配合,其中最为重要的就是人才因素,它起着决定性的作用。

北部湾海洋资源产业化发展需要多方面的人才,主要包括专业技能人才、科研人才和管理型人才,这些人才需要什么要的素质才能够更好地满足北部湾海洋资源产业化发展的需求呢?具体来说应该具备以下的五项素质。

## 1. 应该具备生态文明的海洋意识

海洋生态文明意识是每个海洋从业人员所必须具备的基本素质,是海洋从业人员一切工作的根本出发点。生态文明意识要求人们能用科学发展的自然规律去认识并利用大自然所赐予的环境和物产,能够在事物发展自然规律的前提下去利用、改造自然,利用海洋的特点,在不破坏海洋生态的前提下发展海洋经济,使海洋经济实现可持续发展。现阶段,由于部分从业人员不懂得遵循大自然的发展规律,不具备生态文明意识,使得部分海洋资源过度开发,造成生态失衡,海洋污染不断加重,海洋环境也在恶化。因此,海洋从业人员一定要具备生态文明意识,避免海洋生态环境继续恶化,提高海洋的可持续发展能力。

同时,只有具备生态文明意识,海洋产业的从业人员才能在实际的操作中身体力行，在自然规律和国家政策、法规的要求之下自觉地履行环境保护职责，减少海洋或船舶污染物，才能够最大限度地去开发新的能源、研究更环保的工艺和更生态的技术等。作为海洋产业的管理者，更应该具备生态文明意识，只有这样才能够摒弃短期的绩效观念，不因为目光短浅而牺牲长期的生态利益。在当今整个社会都倡导生态文明和科学发展理念的背景下，海洋产业的从业人员具备生态文明意识，已然成为海洋产业的基本要求，也是必备素质。

## 2. 应该具备开拓创新的能力

任何一个行业，都不是一成不变的，随着社会的进步、生产工艺的提高，各行各业都在进步发展。作为海洋产业的从业人员，也应该具备必要的开拓创新能力，促进海洋产业不断发展。开拓创新的能力是人们根据已掌握的规律和知识，按照目标的需要，灵活、创造性地生产出具有一定开拓性的或是新颖的、有一定见解的产品的能力，是推动海洋产业不断进步的动力和源泉。北部湾海洋经济的发展不仅要求其海洋产业要在小范围内强大，还要求其海洋产业要能够在世界范围内强大，因此只遵循老路，不开拓创新，很难实现更大更强的目标。面对经济全球化的机遇和挑战，在"一带一路"倡议下，北部湾海洋产业必须要抓住发展的新机遇和主动权，不断开拓创新，研究出更多具有独立自主产权的核心技术，摒弃过去占有低端市场的思想，加快海洋知识更新的速度，创新业务，进军高端市场。这些目标的最终实现，都要靠科学技术的力量，要靠广大海洋从业人员的不断开拓创新。

当前北部湾海洋经济在海洋油气、海洋化工、海洋休闲运动等方面都还缺乏核心技术，很多都是靠向外引进，高科技产品不多，质量不高，海洋自然灾害的预防和控制技术不够成熟，在进行海洋资源开发与利用的时候不能够有效地保护已获得的成果，甚至自身安全都无法保证。因此，每个海洋产业的从业人员都应该积极开拓创新，都应该具有较强的自主创新的价值取向和行为意识。

专业技术人才应该将自己所掌握的专业的海洋产业相关技术用于实践，这是一个专业人才成长的基础，也是最为基本的一个步骤。除此之外，专业技术人才还应该具备特殊的创新能力，应该能够将自己所掌握的专业技术转化为实际产品，比如深海养殖、海水净化等。只有将专业技术转化为产品投入市场，才能够得到有效的回报；只有自己的专业技术产品得到消费者的认可，才能够实现价值转化。所以海洋专业技术人才应该不断提高创新发展能力，把创新应用到自己日常工作技术中去，使创新的海洋产品能够满足更多消费者的需求，从而使专业技术转化成市场价值产品来产生效益。

专业技术人才还应该具备敏锐的洞察力，海洋的研发人员应该将当前技术发展趋势和市场形势结合起来进行考虑，不断实现海洋科技产业化、市场化和商品化，使自己的技术能够转化为商品或产生经济效益。应构建完善的转化机制，形成一整套科技成果转化体系，提高专业研究人员的工作积极性，不断提高科技成果的转化率，把科学技术向现实生产力转化，从而产生一定的经济效益。

北部湾海洋经济的海洋产业的从业人员，也应该扎根现实，从北部湾海洋经济的实际出发，在各个方面开拓进取，从目前的低端市场向高端市场进发，在海洋油气、海洋化工、海洋电力等各个方面不断学习，加强海洋灾害的防控能力，学习国际的先进技术、制度、思想，要对现有的工艺、方法、产品、技术不断地改良，提高北部湾经济区的海洋产业的竞争力。

3. 应该具备敬业奉献的海洋精神

北部湾海洋经济地处我国的西南，目前经济还不够发达，但是我们要看到未来的北部湾海洋经济的发展潜力，相信北部湾海洋经济会带来回报。敬岗爱业、认真负责是海洋产业从业的基本思想基础，也是海洋产业从业价值的具体体现。诚然，海洋从业人员很辛苦，他们的工作环境有的时候很恶劣，有时候远离大陆在海上工作长时间不能和家人团聚。但是每个海洋的从业人员都应该从内心意识到自己的工作是有价值的，是在为北部湾海洋经济的发展贡献自己的力量，不应该畏惧海洋工作环境的艰苦，要以饱满的工作热情和对自己更高的工作要求投入到工作中。

当前北部湾海洋经济由于多方面的原因，海洋产业的从业人员队伍不稳定，对高层次、高素质的人才缺乏吸引力，人才流失严重，这些都严重地影响了海洋工作的连续性，核心技术的创新和自主获取也受到了较大的影响，最终的结果是影响了北部湾海洋经济的发展。因此服务于北部湾海洋经济的从业员要有敬业爱岗的精神，要吃得了苦，要耐得住寂寞，不为暂时的经济、环境所困扰，立志服务于北部湾海洋经济，奉献自己的青春和力量。只有从业人员具备敬业奉献精神，才能够减少人才流失，实现急需人才的培养，才能够对高新技术进行攻关和技术改造，从而掌握关键技术，提高北部湾经济区的发展潜力。

4. 应该具备扎实的专业技术能力

目前北部湾海洋经济的输出服务主要是以低端市场为主，最主要的原因是缺乏高层次、高技能、高素质型的人才。今后北部湾海洋经济的发展方向应是改造和提升传统产业，促进和培育新兴产业，提高产业的创新意识和能力。要实现这些目标，就要求具备更先进的生产技术和实际的操作能力，因此北部湾海洋经济的从业人员应该具备一定的专业背景，有扎实的专业技术能力。

扎实的专业技术能力是发展海洋经济的基础保证，是能够进行技术改革创新的前提条件和根本途径。当前，北部湾海洋经济的海洋产业的人才结构不够合理，基层和低端的人才数量多，高层次人才数量少，这在实际环境中不但会给海洋产业的发展带来不利影响，还存在一定的危害性。一是因为海洋工作环境的复杂性和恶劣性，从业人员如果专业技术不够扎实，则有可能在实际操作过程中出现失误或是误操作，这可能会带来极大的危险或是引起巨大的损失。二是因为技术创新的改革是要在现有技术或工艺的基础上进行改进，这就要求对现有的技术要有深刻的认识，才有可能产生创新的想法，需要通过对专业知识的深入理解才能完成工作，因此从业人员必须要具备扎实的专业基础知识。这要求从业人员要就自己的领域提高认识，打实基础，积极创新，具有转换关键技术的能力。努力使自己成为本领域的专家能手。

专业的技术人才还应该了解国内外的技术发展形式，了解国内国际海洋开发的相关信息，时刻对自己的技术所处的位置有比较深刻的认识。能够根据当前的国内和国际的形势做出合理的调整，提前决策，有比较成熟的应变能力。专业技术人才要有自己的技术背景、不断创新的精神和团队合作的精神，能够在团队的帮助下对技术进行改革创新提高竞争力。

专业技术人员还应该具有学习能力、实际操作能力和特殊的创新能力。学习能力是指能够在实际的工作中，不断学习和钻研的能力。当前知识更新速度快，仅靠在学校学习的知识不能很好应对在实际工作中遇到的各种问题，所以应该具备不断学习的能力，以团队为基础，进行系统的思考，树立终身学习的理念，在工作中不断提高自己。学习只是第一步，第二步就是将学习的知识转化为生产力，进行创新和提高生产能力。知识和技术只有通过实际工作的转化才能为现实的生产力的发展做出贡献，获取经济效益。因此，海洋经济区的资源产业化发展对人才素质的要求是专业技术人才能够将自己的知识储备转化成实际的工作技能，从而提高生产劳动效率。

5. 对经营管理人才的素质要求

北部湾海洋资源产业化发展除了专业技术人才外还需要各种

管理人才，这些管理型人才需要了解市场的发展规律和市场需求，能够融合各类资源，将市场效益最大化。将海洋产品投入市场产生经济效益，需要考虑各种因素和产品的市场竞争力，北部湾海洋资源产业不断发展的同时，海洋资源的产品的经营和管理也面临着许多的问题和挑战。在前期工作做好的同时，应该把市场经营好，才能做好发展向海经济，壮大海洋事业，这些需要优秀的经营管理人才。

优秀的经营管理人才应该具备综合分析能力，能够综合运用所掌握的知识和市场经验，对市场进行合理分析和判断，从而能够有效捕捉市场有效信息。北部湾海洋资源产业的经营管理人才应该具备综合的指挥、组织、协调能力，能够进行资源整合，把产品在适当的时机投入到市场。北部湾海洋经济目前还不具备很强的竞争实力，所以产品的宣传、投放都要选择适当的时机，争取市场最大化、效益最大化，应该将北部湾的海洋经济开发放到全国、全世界的范围内进行讨论，应该具有筹划国内、国际竞争战略的能力，这就要求经营管理具备战略目光，具有一定的国际视野，从而提高北部湾海洋经济的竞争力。

优秀的经营管理人才应该具备市场的驾驭能力。当前的经济是市场经济，由市场决定生产需求和产品的竞争力，因此经营管理者应该很熟悉市场需求，时刻关注市场变化，准确把握市场发展方向。通过对市场的驾驭，运用市场发展规律壮大北部湾海洋经济。

优秀的经营管理人才还应该具备价值判断能力。所谓的价值判断是指经营管理者能够根据当前的形势，合理推断今后的产业价值的变化。北部湾海洋经济主要是以海洋的相关产业和产品经营为主，管理人才应该通过对海洋产业价值链的分析，预测各产业的发展前景，从而进行风险控制。有些产业当前具有广阔的市场，但是从长期发展来看今后可能会遇到瓶颈，因此可以提前做好相关工作，减少损失，将风险控制在一定范围内。

总的来说，北部湾海洋经济的经营管理人才，应该了解市场，懂得市场发展规律，能够根据市场发展规律提前预测市场走向，避免投资方向出现重大失误，将风险控制在可控范围之内。

北部湾海洋经济作为国家新兴战略的重要一环，是我国发展蓝色经济的重要试点区域，对各类人才都提出了更高的要求，同时北部湾海洋资源产业化发展需要各类人才，特别是专业技术能力较强的海洋复合型人才和优秀的经营管理型人才。目前应该加大人才引进力度，提高人才培养效率，促进大批高层次高素质的人才加入到北部湾的海洋资源产业化发展中来。

## 四、北部湾海洋资源产业化发展人才培育对策

习近平主席指出：发展是第一要务，人才是第一资源，创新是第一动力。人才是推动经济和社会进步的根本动力。要提升海洋经济，推进北部湾海洋资源产业化的发展，必须要依靠高水平的应用型人才，而高水平应用型人才的培育则要求科教水平的不断提升进步。北部湾海洋资源产业化的发展，急需大量高水平应用型人才。如何培育能够推动北部湾海洋资源产业化的发展的高水平应用型人才，成为广西政府及各界人士关心的问题。从政府的宏观层面着手，应该高屋建瓴，从政策、制度、机制等方面为培育高水平人才作相应的保障。而从学校的微观层面着手，作为主要人才培育基地，学校可以从明确人才培养目标、深化校企融合、组建双师型队伍、建立科学评价体系等方面落实培育高水平人才的目标。

1. 政府宏观引导，建立高水平人才培育机制

（1）提高思想重视，健全人才引进机制。

经济建设的快速发展，除了受到当地自然条件的限制外，当地政府制定的政策也有重要影响。要想促进经济发展，人才是必

不可少的条件。这就要求当地政府从思想上、战略上把高水平人才的培育工作纳入其重点工作范畴。高水平人才培育，从内部环境来说，可以是自身培育的人才，比如说区内的高校根据要求培育相对应素质及能力的高水平人才。从外部环境来讲，还可以在全国范围内进行引进，条件允许的情况下，甚至可以在全球范围内引进高水平人才。广西壮族自治区地处西部，由于历史原因及客观环境等因素的制约，经济发展速度相对较慢。而经济发展的制约，会导致其在较多方面对吸引人才不具备优势，无论是基础建设，还是就业环境、薪酬待遇等，其相对于发达地区的人才吸引力较弱。如要有效解决这个问题，地方政府应当完善政策支持，对引进人才的服务程序进行优化，制定及实施更有效、更开放、更积极的人才引进政策服务，建立健全各类人才引进机制，着力完善和落实人才财政支持、合理流动、工作管理等方面政策措施，确保人才引得进、留得住、流得动、用得好，形成具有区域乃至国际竞争力的人才优势。还应对急缺的人才实施政策倾斜，实行绿色通道。

广西壮族自治区于 2018 年印发了《广西壮族自治区高层次人才认定办法（试行）》《广西壮族自治区引进海外人才工作实施办法》，为引进高水平人才提供了相应的政策保障。北部湾经济区内的地方政府，应当根据广西壮族自治区政府的政策指导，因地制宜，根据区域经济的特点，结合经济建设发展所需人才的需求，制定和实施一系列吸引区内外高水平人才的加盟的地方政策。其中包括积极主动为高水平人才营造良好的就业环境，为他们提供能够发挥其专长的工作条件和事业平台，以及实行就业奖励制度等。可以在税收层面上，对引进人才的科研企业单位实行部分减免，在财政补助上向引进人才的事业单位进行倾斜。2016 年 9 月 5 日，中共钦州市委员会、钦州市人民政府印发《关于引进高层次人才待遇的补充规定》；南宁市实施"16"人才政策，其中的"1"即《南宁市深化人才发展体制机制改革打造面向东盟的区域性国际人才高地行动计划》，"6"中包括了《关于南宁市建设海外人才离岸创新创业基地的实施办法》《南宁市引进海外人才工作实施办法》《加快南宁市人力资源服务业发展实施办法》等。2019年2月25日，南宁市正式出台相应的配套政策《南宁市高层次人才认定实施办法》。

要推动北部湾海洋资源产业化的发展，培养、引进高水平的海洋领军人物是重点。北部湾经济区海洋人才队伍建设相对滞后，高层次海洋科技人才和涉海科研人员不能满足需要。政府一方面应给急需的海洋人才开放绿色通道，给予财政保障，从而吸引人才，另一方面应为进一步发挥引进人才的作用，在科研管理体制上进行完善及创新，培养、选拔海洋领域的学科带头人和技术带头人。同时要充分发挥引进人才的"传""帮""带"的作用，着力提升本土人才的水平，实现海洋人才的本土孵化。

（2）增设研究机构，提升人才科研能力。

科技创新是第一生产力。科技发展是推动经济发展的重要途径。北部湾经济区海洋科研人才队伍建设基础薄弱，尚不能满足经济发展的需要。目前在北部湾经济区内没有一所国家级海洋研究机构，也没有一个为海洋管理提供技术支撑与服务的海洋技术中介咨询机构。海洋科技创新体系尚未形成，海洋科技投入不足，企业科技研究力量不强，科技研发及科技成果转化产业化程度较低。

广西壮族自治区目前只有一所区级海洋研究院。该研究院经自治区机构编制委员会批准，于2012年11月成立，为财政全额拨款的正处级事业单位，归口广西壮族自治区海洋局管理。其以"政产学研用"为发展主线，以"扎根海洋行业、强化科研能力"为指导，致力构筑"海洋科研平台、决策支撑平台、海洋智库平台"。在该经济区应推进人才队伍和产学研机制建设，增强海洋产业科技创新能力。大力引进海洋科学技术和科技人才，推进人才队伍和产学研机制建设，整合北部湾经济区现有海洋产业机构，提高海洋科技研发能力，积极申请和设立北部湾经济区海洋规划研究院，加强对北部湾经济区海洋环境资源利用和保护，为有效利用北部湾经济区海洋资源提供有效支撑；应建立健全海洋产业科研支撑体系，大力引进海洋科技人才，提高现有科研机构的研发水平；应加强对广西北部湾经济区海洋环境资源的利用和保护研究，为有效利用广西北部湾经济区海洋资源提供支撑，提高广西北部湾经济区海洋科研和海洋管理水平。

要大力推进省部共建的国家级研究机构建设，鼓励各相关单位和城市开办一批自治区级的重点实验室和试验中心，继续充实现有研究机构力量。在广西北部湾经济区现有的大专院校内设置海洋专业院系，建立海洋研究所，大量培养广西北部湾经济区海洋科技人才。

（3）组建产学研基地及试验区。

要建设一批高技术产学研合作项目。加大财政资金投入，鼓励事业单位科研人员同企业合作，积极开展海洋循环经济、海水综合利用、海洋生物工程和海洋医药工程、海洋生态养殖等瓶颈项目攻关。加快引进海洋人才与高新技术，提升海洋经济的附加值。建立海洋产业人才的实践平台，把海洋产业人才队伍的建设摆在更加突出的位置，大力实施海洋产业人才优先战略，扩充总量，优化结构，完善管理，提高素质，全面推进海洋人才体系建设。海洋科技应以海洋开发研究为主，结合相关的基础研究，实现海洋科技开发和技术推广关联型战略，形成科技、教育、生产相结合，研究、开发、推广为一体的新格局。加快"港务信息平台建设"，形成多元化、现代化功能的北部湾港口群。推广应用先进技术，拉动基础海洋产业升级发展。引进国内外海洋高新技术，加快科技成果转化，建立一个海洋高新技术产业基地和海洋新技术开发试验区，发展北部湾特色海洋产业，大力提升海洋经济的附加值。

互联网的诞生和发展，加快了科技信息和服务的更新率，也扩大了其使用和影响范围，"一带一路"倡议提出后，中国—东盟技术转移创新中心合作平台、中国—东盟联合实验室、中国—东盟海水养殖联合研究与示范推广中心等的启动与建设将会促进北部湾与东部沿海和国外先进海洋技术的合作交流，先进科技的引进、融合及创新，关键技术的研发攻关，都将会为北部湾海洋经济与其他地区和领域技术合作开辟绿色通道。

（4）调整高校学科体系。

广西壮族自治区人民政府应当根据现有海洋类学校学科发展现状，整合现有学科体系，重点开设和发展海洋资源管理、港口建设、船舶知识和国际物流等相关专业，加快建成符合北部湾经济区海洋产业发展的人才培养体系，将现有的海洋类大专院校发展成为海洋类综合大学，弥补北部湾经济区缺少海洋类大学的问题。鼓励有条件的学校开设海洋专业、海洋学院、海洋研究所，培养各层次的优秀人才。

要以高校为基础支撑，以科研项目为载体，依托广西大学、北部湾大学、广东海洋大学、海口大学等高等院校和国家海洋第四研究所等科研机构，大力实施人才联合培养工程，加快建立适应发展需要的高技术、高层次实用型人才培养基地，加强海洋、渔业等专业学科建设，重点培养德才兼备、具有战略眼光的党政领导干部，培养擅长经营、具有市场开拓能力的优秀企业家，培养敢为人先、具备勇于创新精神的科技型人才，全面构建高素质海洋人才体系，不断优化海洋人才管理机制，建立健全吸引、留住、用好人才的机制。

近年来，北部湾加快科技兴海战略的推进，并取得了一系列成果。拥有了北部湾大学海洋学院、桂林电子科技大学北海校区海洋信息工程学院、广西北海国家农业科技园区和中国科学院南海海洋研究所、清华大学（北海）临海基地等多家海洋科研机构以及（深圳）华大基因、信肽生物科技等海洋高新技术企业。海洋科研机构及高素质海洋人才队伍的壮大，推进了北部湾由"蓝色农业"进一步迈向"蓝色经济"。

2. 高校微观培育，落实高水平人才培育任务

（1）明确人才培养定位。

要培育适应于北部湾经济区海洋产业化发展的人才，各高校需要转变观念，明确定位。各院校应树立科学的人才培养观念，改变传统的学术型人才培养观念，要培养理论基础知识扎实，同时实践能力强，能够将理论知识运用于实践的具备创新能力的人才。落实在实际中，具体表现有以下三方面：一是科学制定人才培养目标定位准确的人才培养方案；二是设置切合社会对人才的需求的教学计划内容；三是完善课程体系，实现理论课程与实践课程相互结合，充分体现以学促做，以做增学，学用结合，用创结合的效果。

为了适应区域经济发展的新需求，各高校需要结合区域内人才的实际需求，到企业去调研并实际参加企业的技能型的活动，了解企业实际工作中到底需要什么样的人才，学生到底应该掌握哪些实用的技术和能力才能更符合企业的要求，从而在人才的培养中发挥重要作用。各高校要与时俱进地进行课程体系的改革，从而进一步优化人才的培养方案；不断探索和研究适合的教学方法和培育途径，进一步改善人才培养方案，同时将工匠精神的培养整合到专业课程教学目标、教学内容和考核办法当中，培养和塑造"精益求精，注重细节，一丝不苟，耐心专注，专业敬业"的工匠精神内涵；培养一批符合北部湾需求的专业人才，加强专业化的队伍建设；提高人才队伍的业务素质和文化素养。

（2）深化校企融合。

目前校企合作育人通常的做法有以下几种。第一，企业为学

校的学生提供实习锻炼的岗位。学生在完成相关的课程学习之后，可以参加到企业的实际运作中进行锻炼，通过实践学习，可以深入了解相应岗位的职责和要求，可以将学校里学习的理论用于解决具体生产中存在的问题，更好地把理论与实际工作相结合。第二，邀请企业的专业人才学校进行讲学，传授企业经营管理过程中的经验，让学生领会到来自企业一线的工作经验总结。第三，企业为学校组织的学生参访活动提供便利。教师结合所讲授的课程，组织学生到企业的实际运作中了解生产、经营过程，从而获得更好的对知识的理解。第四，学校和企业共同合作，学校充分听取来自企业的需求，加强教学与实践的结合，在共同制定人才培养模式、设置与社会需求相适应的专业、共同开发和制定课程体系、共同编写实操性强的教材等方面进行深度合作。第五，企业与高校签订定向培养协议，采用"订单班""定向班"（即企业指定资助对象，受资助的学生毕业后保证为企业服务一定年限）的方式，课堂的教学可以改为企业现场的观摩与教学，使学生深入到企业的第一线，将理论知识与实际运用相结合，从而拓展学生的视野，全方位地检验学生的所学。这些方法既满足了企业对人才的需求，又提高学院培养的专业人才质量，能够有效对接市场、对接企业、对接区域经济。

（3）完善"双师型"师资队伍。

建设"双师型"教师队伍。应用型本科院校的专任教师，除了要具备深厚的理论知识与良好的职业素养外，还要具备相应的企业实际工作经验以及相应的创新能力。目前大部分的高校教师，都是从高校毕业，例如硕士毕业或是博士毕业，毕业后直接进入高校走上讲台当专任教师，理论知识扎实而实践经验不足。所以应建立起一支结构合理的"双师型"教师队伍。这里所提倡的"双师型"教师，并不是简单的拥有两种证书，更重要的是具备与实际工作岗位相对应的实践能力，这样才能更好地指导学生的学习。

现在不少应用型本科院校都要求专任教师利用假期到企业进行顶岗实习，做到理论联系实际，有利于教师在教学中加入新的知识要求，同时增加学生对于未来岗位素养的理解。同时，运用先进的教学理念，多采用启发式、项目式的教学方式，以便促进对学生的理解能力和创新能力的培养。以学生为中心、行动为导向的教育方法可以较好地促进学生学习的积极性，激发学生学习知识、探索理论的兴趣，同时也在学生理解知识和掌握知识方面起到良好的促进作用。"双师型"教学团队的建设主要有三种途径：一是教师到企业顶岗实践，承担行业企业实际工作任务；二是聘请企业骨干兼任教师，授课或指导学生实训；三是引进企业真实工作任务。

（4）实施模块化教学。

要培育适应北部湾海洋资源产业化发展的人才，需要突破传统的人才培育模式，实现不同行业知识的整合，形成具备提升产业化能力的人才的培育体系。就用人单位来说，人才培养更多的时候是要突出应用性，使人才能够及时地适应工作岗位，实现从课堂学校到工作岗位的及时转变。这就需要打破传统对理论知识偏重的观念，加强教学环节中的实践教学。而实施模块化教学，可以很好解决这个问题。

模块化教学主要以学生为中心，强调以学生为主的学习过程，让学生能够带着问题进行实践，通过自己动手解决问题，更好地理解理论知识，提高学生的学习能力。同时老师直接参与到学生实践活动中，针对学生在实践过程中出现的问题进行引导和讲解，更具针对性，能更好地满足不同层次学生的需求，也能加强老师与学生之间的互动和交流，使教师更好地了解学生，更好地提高学生学习兴趣，进而提高学生的职业技能水平。

为此，案例教学法、项目教学法、任务驱动法、基于问题教学法、CDIO 工程教学法、Workshop 教学法、习明纳教学法等都可以在具体的教学实践中获得更多的运用，从而使得实践教学水平获得提升。

（5）建立科学评价体系。

科学合理的评价体系，有助于高校得到真实有效的人才培养评价及反馈，可以依此作为调整相应人才培养方案、优化课程体系和培育方式的借鉴，更好地培养出适应经济发展所需要的人才。科学而合理的评价体系，应该包括多方评价、多维度评价，其中应该不仅有政府教育机构的评估，也应该有用人单位的评价，还有学生及家长们的评价意见。

在我国，教育部的有关办学的相关政策会直接影响到高等学校对人才培养评价体系的制定。其中教育部对高等院校的评估体系，是高等学校办学的指挥棒，高校培育人才以及评价人才培养质量，要以教育部的评估体系为主要参照指标。同时，学校根据教育部的相关政策文件对本校培养的人才质量制定的质量评价体系，又直接影响到本校学生的质量。而要培养出适合经济发展的人才，关键点在于用人单位的反馈意见以及用人单位的需求。因此，针对北部湾海洋资源产业化所需要的人才培育，应该更多地征求海洋产业相关单位企业对人才的具体需求及反馈来调整人才培养方案。对于不同类型评价主体设定不同的评价模块及不同的评价指标，并根据不同类型评价主体以及指标的重要程度设置不同的权重。

# 参考文献

[ 1 ] 白福臣. 中国海洋产业灰色关联及发展前景分析[J]. 技术经济与管理研究，2009（1）：110-112.

[ 2 ] 白福臣，赖晓红，肖灿夫. 海洋经济可持续发展综合评价模型与实证研究[J]. 科技管理研究，2015（3）.

[ 3 ] BARABGE M, CHEUNG W W L, MERINO G, et al. Modeling the potential impacts of climate change and human activities on the sustainability of marine resources[J]. Current Opinion in Environmen- tal Sustainability, 2010, 2(5): 326-333.

[ 4 ] 曹加泰，管红波. 三大海洋经济区的海洋产业结构变动对海洋经济增长的贡献研究[J]. 海洋开发与管理，2018，35( 11 )：76-84.

[ 5 ] 常青. 航运金融市场特征初探及对我国航运金融业态的研究[J]. 现代商业，2017（22）：143-144.

[ 6 ] 陈端吕，董明辉，彭保发. 生态承载力研究综述[J]. 湖南文理学院学报（社会科学版），2005（5）：70-73.

[ 7 ] 陈秀莲，李紫艳. 基于 DEA 的中国与东盟国家海洋资源开发合作的利益分配机制研究[J]. 生态经济，2018，34（7）：119-124.

[ 8 ] 程国栋. 承载力概念的演变及西北水资源承载力的应用框架[J]. 冰川冻土，2002（4）：361-366.

[ 9 ] 崔爱林，赵清华. 澳大利亚的海洋教育及其启示[J]. 河北学刊，2008（2）：215-217+223.

[10] 崔立志，刘思峰，李致平，等.灰色斜率相似关联度研究及应用[J].统计与信息论坛，2010，3（25）：56-59.

[11] 崔木花，董普，左海凤.我国海洋矿产资源的现状分析[J].海洋开发与管理，2005（5）：16-21.

[12] 狄乾斌，刘欣欣，王萌.我国海洋产业结构变动对海洋经济增长贡献的时空差异研究[J].经济地理，2014，34（10）98-103.

[13] 董晓菲，尚颜颜."一带一路"背景下辽宁海陆产业联动效应与模式选择[J].党政干部学刊，2018（11）：48-53.

[14] 杜栋，庞庆华.现代综合评价方法与案例精选[M].北京：清华大学出版社，2005.

[15] 代晓松.辽宁省海洋资源现状及海洋产业发展趋势分析[J].海洋开发与管理，2007（2）：129-134.

[16] 范金，郑庆武，梅娟.应用产业经济学[M].北京：经济管理出版社，2004.

[17] 冯友建，杨蕴真.浙江省海洋产业结构合理化评价研究[J].海洋开发与管理，2017，34（7）：118-124.

[18] 高小玲，崔丽丽.国外海水综合利用产业发展现状、趋势及对我国的启示[J].现代经济探讨，2012（11）：88-92.

[19] 官玮玮.中国海洋资源开发与海洋综合管理研究[J].科技创新导报，2016，13（22）：120-121.

[20] 国家海洋局.中国海洋统计年鉴[M].北京：海洋出版社，2008-2017.

[21] 郭真.金融支持广西海洋经济发展研究[J].全国流通经济，2018（36）：74-75.

[22] 何培英.基于生态位理论的高等海洋教育研究[J].中国渔业经济，2010，28（1）：144-149.

[23] 郝宏桂.海洋产业生态化集聚发展的路径[J].群众，2018

（14）：33-34.

[24] 郝艳萍，慎丽华，森豪利. 海洋资源可持续利用与海洋经济可持续发展[J]. 海洋开发与管理，2005（3）：50-54.

[25] 黄瑞芬，王佩. 海洋产业集聚与环境资源系统耦合的实证分析[J]. 经济学动态，2011（2）：39-42.

[26] 黄瑞芬，赵有亮，李宁. 低碳经济发展与环境资源耦合关系的预测研究[J]. 中国渔业经济，2013，3（31）：52-57.

[27] 霍军. 海域承载力影响因素与评估指标体系研究[D]. 青岛：中国海洋大学，2010.

[28] 贾如. 我国海洋资源可持续开发利用的科技需求和政策研究[D]. 锦州：渤海大学，2015.

[29] 贾旭燕. 基于生态足迹方法的区域可持续发展研究——以芜湖市为例[D]. 芜湖：安徽师范大学，2006.

[30] 蒋耀. 基于综合评价理论的区域可持续发展研究[D]. 上海：上海交通大学，2008.

[31] 吉伟伦，宁凌"美丽中国"视阈下海洋利用系统健康状况评价——以广东省为例[J]. 海洋通报，2018，37（6）：659-666.

[32] JONATHAN S, PAUL J. Technologies and their influence on future UK marine resource development and management[J]. Marine Policy, 2002, 26(4): 231-241.

[33] 纪玉俊，宋金泽. 我国海洋产业集聚的区域生产率效应[J]. 中国渔业经济，2018，36（3）：70-78.

[34] 景跃军，陈英姿. 关于资源承载力的研究综述及思考[J]. 中国人口资源与环境，2006（5）：11-14.

[35] 孔冬冬. 山东省海洋资源开发模式战略转型研究[D]. 青岛：中国海洋大学，2015.

[36] 李健斌，陈鑫. 世界可持续发展指标体系探究与借鉴[J]. 理

论界，2010（1）：53-54.

[37] 李军，袁伶俐. 全球海洋资源开发现状和趋势综述[J]. 国土资源情报，2013（12）：13-16+32.

[38] 李权昆，陈万灵，徐质斌. 渔港布局及沿海渔港经济圈的构想[J]. 资源开发与市场，2005（4）：333-335.

[39] 李燕. 基于灰色关联度分析的北部湾海洋旅游业发展影响因素及对策研究[J]. 西南师范大学学报（自然科学版），2019，44（1）：56-61.

[40] 李燕玉. 日本海洋资源开发产业的流程分析[J]. 现代营销（下旬刊），2016（6）：225.

[41] 林爱文，等. 资源环境与可持续发展[M]. 武汉：武汉大学出版社，2005.

[42] 刘瑞娟. 我国渔港经济区发展模式研究[D]. 青岛：中国海洋大学，2015.

[43] 刘思峰. 灰色系统理论及应用[M]. 北京：科学出版社，2014.

[44] 刘文剑. 海洋资源、环境开发使用补偿费核算探讨[J]. 中国海洋大学学报（社会科学版），2005（2）：17-20.

[45] 刘毅. 区域循环经济发展模式评价及其路径演进研究[D]. 天津：天津大学，2012.

[46] 楼东，谷树忠，钟赛香. 中国海洋资源现状及海洋产业发展趋势分析[J]. 资源科学，2005（5）：20-26.

[47] 陆大道. 区域发展及其空间结构[M]. 北京：科学出版社，1995.

[48] 陆大道. 关于"点-轴"空间结构系统的形成机理分析[J]. 地理科学，2002（1）：1-6.

[49] 路文海，付瑞全，赵龙飞，郑莉. 国家海洋经济运行监测与评估系统总体设计及实践[J]. 海洋信息，2018，33（2）：34-39.

[50] 卢函. 中国海洋资源开发与海洋经济增长关系研究[D]. 大连：宁师范大学，2018.

[51] 鹿尧. 山东半岛海洋特色产业园区建设研究[D]. 泰安：山东农业大学，2014.

[52] 罗静，高智，王素平. 河北省海洋资源开发利用模式研究[J]. 经济研究参考，2014（11）：56-58.

[53] 马彩华，马伟伟，游奎，宋百慧，赵志远. 中国海洋产业增长极选择研究[J]. 海洋经济，2018，8（6）：20-25.

[54] 孟凡胜，宋国宇，井维雪. 会展业发展的影响因素及对城市经济影响的实证研究[J]. 技术经济，2012，31（4）：32-37.

[55] 庞玉兰. "海洋强省"战略下海南省海洋经济税收政策分析[J]. 当代经济，2017（21）：41-43.

[56] 彭伟. 依靠科技推动我国海洋经济科学发展策略分析[J]. 海洋技术，2009，28（3）：134-137.

[57] 钱波. 浙江海洋经济人才发展对策研究[J]. 浙江师范大学学报（社会科学版），2015，40（1）：17-21.

[58] 任光超. 我国海洋资源承载力评价研究[D]. 上海：上海海洋大学，2011.

[59] 任光超，杨德利，管红波. 主成分分析法在我国海洋资源承载力变化趋势研究中的应用[J]. 海洋通报，2012（1）：21-25.

[60] SA. MONTE-TAN G P B, White A T, TERCERO M A, et al. Economic valuation of coastal and marine resources: Bohol marine triangle, Philippines[J]. Coastal Management, 2007, 35 (2): 319-338.

[61] 宋国明. 加拿大海洋资源与产业管理[J]. 国土资源情报，2010（2）：2-6.

[62] 谭映宇. 海洋资源、生态和环境承载力研究及其在渤海湾的应用[D]. 青岛：中国海洋大学，2010.

[63] 谭晓岚. 论海洋经济发展的总体趋势[J]. 海洋开发与管理，2009（7）：12-16.

[64] 王萌，狄乾斌. 环渤海地区海洋资源承载力与海洋经济发展

潜力耦合关系研究[J]. 海洋开发与管理，2016（1）.

[65] 王芋萱. 我国渔港经济区产业集群发展研究[D]. 青岛：中国海洋大学，2011.

[66] 王雪. 广东现代渔港经济区建设发展对策研究[D]. 湛江：广东海洋大学，2016.

[67] 王雪，张莉. 广东渔港经济区发展对策研究[J]. 农村经济与科技，2016，27（23）：182-184.

[68] 王泽宇，卢函，孙才志. 中国海洋资源开发与海洋经济增长关系[J]. 经济地理，2017，37（11）：117-126.

[69] 吴姗姗，刘容子. 渤海海洋资源价值量核算的研究[J]. 中国人口·资源与环境，2008，18（2）：70-75.

[70] 邬益川，王智祖，周云霄，李姝青，彭燕. 东海区科技兴海产业示范基地发展模式研究与探索[J]. 海洋开发与管理，2017，34（8）：100-103.

[71] 吴雨霏. 基于关联机制的海陆资源与产业一体化发展战略研究[D]. 北京：中国地质大学，2012.

[72] 肖汝琴，陈东景. 河北省海洋资源开发利用现状与存在问题分析[J]. 海洋信息，2014（1）：46-50.

[73] 熊焰，王海峰，崔琳，王鑫，苏新胜. 我国海洋可再生能源开发利用发展思路研究[J]. 海洋技术，2009，28（3）：106-110.

[74] 徐胜，张超. 我国海洋产业与海洋经济低碳化水平关联度研究[J]. 经济与管理评论，2012（5）：135-140.

[75] 晏清. 国际海洋可再生能源发展及其对我国的启示[J]. 生态经济，2012（8）：33-38.

[76] 晏清，刘雷. 海洋可再生能源——我国沿海经济可持续发展的重要支撑[J]. 世界经济与政治论坛，2012（3）：159-172.

[77] 杨廼裕. 广西北部湾海洋资源利用现状与开发策略研究[J]. 学术论坛，2011，34（5）：154-158.

[78] 杨薇，栾维新. 政策工具-产业链视角的中国海洋可再生能源

产业政策研究[J]. 科技管理研究，2018，38（10）：36-43.

[79] 严珊珊. 福建省海洋产业集聚与区域资源环境耦合评价研究 [D]. 厦门：集美大学，2017.

[80] 殷克东，金雪，李雪梅，等. 基于混频 MF-VAR 模型的中国 海洋经济增长研究[J]. 资源科学，2016，38（10）：1821-1831.

[81] 于会娟. 现代海洋产业体系发展路径研究——基于产业结构 演化的视角[J]. 山东大学学报（哲学社会科学版），2015（3）： 28-35.

[82] 余康兴，刘德志. 我国海洋资源利用的经济效益分析[J]. 价 值工程，2018，37（35）：285-288.

[83] 藏化焱. 我国海洋资源开发的法律对策[J]. 科技信息，2013 （01）：179+144.

[84] 张本. 海南海洋产业发展战略与对策建议[A]. 中国科协 2004 年学术年会海南论文集[C]. 中国科学技术协会学会学 术部，2004.

[85] 张洪温. 中国海洋渔业资源生产能力及其可持续发展对策研 究[D]. 中国农业科学院，2001.

[86] 张红智. 海洋捕捞业可持续发展及其指标体系研究[M]. 北 京：对外经济贸易大学出版社，2010.

[87] 张培培，蒋清文. 地域旅游文化资源开发的原则及对策[J]. 山西师大学报（社会科学版），2013，40（S2）：87-89.

[88] 张伟，张杰，张玉洁，朱凌. 我国税收政策对海洋产业结构 优化的影响研究[J]. 海洋开发与管理，2015，32（3）：106-111.

[89] 张文建，史国祥. 论都市旅游业与会展业的边界融合趋势[J]. 社会科学，2007（7）：17-23.

[90] 张耀光，崔立军. 辽宁区域海洋经济布局机理与可持续发展 研究[J]. 地理研究，2001（3）：338-346.

[91] 张耀光，关伟，李春平，等. 渤海海洋资源的开发与持续利 用[J]. 自然资源学报，2002，17（6）：768-775.

[92] 张耀光，韩增林，刘锴，刘桂春. 海洋资源开发利用的研究——以辽宁省为例[J]. 自然资源学报，2010，25（5）：785-794.

[93] 张意姜. 经济转型期我国海洋资源的产业化开发研究[J]. 城市，2008（8）：19-21.

[94] 张志强，程国栋，徐中民. 可持续发展评估指标、方法及应用研究[J]. 冰川冻土，2002（4）：344-360.

[95] 赵玉林，产业经济学[M]. 武汉：武汉理工大学出版社，2008.

[96] 郑丹丹. 宁波市海洋经济人才培养和引进的思考[J]. 现代商业，2015（8）：107-108.

[97] 郑莉，蔡大浩. 海洋生物医药业发展趋势研究[J]. 科技论坛，2016（1）：69-76.

[98] 郑赛赛. 海洋资源开发与产业结构优化的研究——以宁波-舟山港地区为例[J]. 价格月刊，2011（11）：62-65.

[99] 周罡. 论环境资源制约下我国海洋产业结构的优化策略[D]. 青岛：中国海洋大学，2006.

[100] 庄思哲，白福臣. 中国海洋生物资源现状及可持续利用对策[J]. 产业与科技论坛，2012（19）：21-23.

[101] 朱坚真. 海洋资源经济学[M]. 北京：经济科学出版社，2010.

[102] 朱丽萍. 海洋经济核心示范区人才发展对策研究[J]. 科技与管理，2014，16（4）：42-45.